国家自然科学基金青年科学基金项目(41704115)资助
国家自然科学基金面上项目(41774128)资助

机器学习在构造煤分布预测中的应用研究

王　新　陈同俊　著

中国矿业大学出版社
·徐州·

内 容 简 介

　　本书是国家自然科学基金的主要成果之一,内容主要包括构造煤模型与地震属性分析、基于模糊神经网络的构造煤分布预测、基于支持向量机的构造煤分布预测、基于极限学习机的构造煤分布预测、基于深度置信网络的构造煤分布预测和基于随机森林的构造煤厚度预测 6 部分内容,力求将一些经典的机器学习算法应用到构造煤分布预测中。

　　本书适合计算机科学与技术专业或应用地球物理专业的本科生或研究生阅读。

图书在版编目(C I P)数据

　　机器学习在构造煤分布预测中的应用研究/王新,
陈同俊著. 一徐州:中国矿业大学出版社,2021.11
　　ISBN 978 - 7 - 5646 - 5215 - 9

　　Ⅰ. ①机… Ⅱ. ①王… ②陈… Ⅲ. ①机器学习一应
用一煤矿一成矿预测一研究 Ⅳ. ①P618.110.2—39

　　中国版本图书馆 CIP 数据核字(2021)第 225596 号

书　　名	机器学习在构造煤分布预测中的应用研究
著　　者	王　新　　陈同俊
责任编辑	陈　慧
出版发行	中国矿业大学出版社有限责任公司
	(江苏省徐州市解放南路　邮编221008)
营销热线	(0516)83884103　83885105
出版服务	(0516)83995789　83884920
网　　址	http://www.cumtp.com　E-mail:cumtpvip@cumtp.com
印　　刷	徐州中矿大印发科技有限公司
开　　本	787 mm×1092 mm　1/16　印张 8.5　字数 153 千字
版次印次	2021 年 11 月第 1 版　2021 年 11 月第 1 次印刷
定　　价	36.00 元

　　(图书出现印装质量问题,本社负责调换)

前　　言

煤与瓦斯突出是矿井主要动力灾害之一,我国是世界上发生煤与瓦斯突出次数和死亡人数最为严重的国家之一。煤与瓦斯突出预测与评价是学科领域亟待解决的关键科学问题及技术难题。影响煤与瓦斯突出的主要地质因素有埋藏深度、围岩透气性、构造复杂性、构造煤发育程度等。现有的研究表明,构造煤发育区往往是煤与瓦斯突出的危险地带,因此,构造煤的研究日益受到人们的高度重视。

机器学习是一门既"古老"又"新兴"的计算机科学技术,属于人工智能研究与应用的一个分支。机器学习的基本思想是让计算机从过往经验和历史数据中获得学习能力,从而对未知事物作出推断。本书尝试将机器学习运用到采区构造煤厚度分布预测中,通过对地震属性数据分析处理,关联分析地震属性数据与采区构造煤厚度分布的非线性关系,建立基于模糊神经网络的构造煤厚度分布预测模型、基于支持向量机的构造煤厚度分布预测模型、基于极限学习机的构造煤厚度分布预测模型、基于深度置信网络的构造煤厚度分布预测模型和基于随机森林的构造煤厚度预测模型,并通过一系列实验验证了上述模型的可靠性。

本书在撰写过程中得到了研究生范君、韩若冰、滕建磊、刘晓明、余婷等人的热情帮助,在此表示深深的谢意。

本书得到国家自然科学基金青年科学基金项目(41704115)和面上项目(41774128)的资助,在此表示感谢。

由于作者水平有限,时间仓促,书中难免存在缺点或不足之处,敬请各位专家和广大读者批评指正。

著　者
2021 年 7 月

目　录

1　绪　　论

1.1　研究背景与意义

　　煤与瓦斯突出是矿井主要动力灾害之一,而我国是世界上发生煤与瓦斯突出次数和死亡人数最为严重的国家之一,如 2012—2015 年我国共发生各类煤矿事故 156 起,死亡 1 032 人,其中瓦斯事故发生次数最多,有 78 起,占煤矿事故总数的 48.08%(赵云平 等,2016)。煤与瓦斯突出预测与评价是学科领域亟待解决的关键科学问题及技术难题。影响煤与瓦斯突出的主要地质因素有埋藏深度、围岩透气性、构造复杂性、构造煤发育程度等(Hackley et al.,2007;Li et al.,2003;Pan et al.,2012,2015;Shepherd et al.,1981;邵强 等,2010;郭德勇 等,2002)。现有的研究表明,构造煤发育区往往是煤与瓦斯突出的危险地带(Díaz et al,2007;姜波 等,2004,2016)。因此,构造煤的研究日益受到人们的高度重视。很多学者分别利用测井数据和地震数据识别构造煤发育程度和构造煤厚度分布,取得了一些显著成果。一般通过测井曲线识别构造煤的类型和厚度,再利用地震属性或反演预测采区构造煤分布。虽然测井曲线的识别精度比地震数据高,但其较稀少,测井约束的地震预测方法还不能解决采区构造煤厚度分布的预测问题(王恩营 等,2008)。

　　机器学习(Machine Learning)是人工智能的子分支,旨在研究复杂的、不确定的、变化的环境中智能行为的自适应机制,包括学习能力、对新情况的适应能力、抽象能力、泛化能力、联想能力与发现能力等。20 世纪 80 年代开始,机器学习成为迅速发展的一门多领域交叉学科,涉及概率论、统计学、逼近论、凸分析、算法复杂度理论等多门学科,是人工智能的核心研究领域之一,其最初的研究动机是为了让计算机系统具有人的学习能力以便实现人工智能。机器学习的优点就是可以灵活构建由大量参数刻画的模型,由机器自动处理数据,使信息提取过程尽可能地实现自动化。机器学习技术已经在计算机视觉、自然语言处理、语音和手写识别、搜索引擎、医学诊断等众多领域中发挥作用。

本书尝试将机器学习算法应用到采区构造煤厚度分布预测中,通过对地震属性数据分析处理,关联分析地震属性数据与采区构造煤厚度分布的非线性关系,建立基于模糊神经网络的构造煤厚度分布预测模型、基于支持向量机的构造煤厚度分布预测模型、基于极限学习机的构造煤厚度分布预测模型、基于深度置信网络的构造煤厚度分布预测模型、基于随机森林的构造煤厚度分布预测模型,通过一系列实验验证了上述模型的可靠性。

1.2 研究现状

1.2.1 机器学习研究现状

在机器学习的发展过程中,卡内基梅隆大学的 Tom Mitchell 教授起到了不可估量的作用,他是机器学习的早期建立者和守护者。时至今日,Tom Mitchell 的《机器学习》仍然被机器学习初学者奉为圭臬。机器学习发展的重要里程碑之一是统计学和机器学习的融合,其中重要的推动者是加州大学伯克利分校的 Michael Jordan 教授。作为一流的计算机学家和统计学家,Michael Jordan 遵循自下而上的方式,从具体问题、模型、方法、算法等着手一步一步系统化,推动了统计机器学习理论框架的建立和完善,已经成为机器学习领域的重要发展方向。美国科学院院士 Larry Wasserman 在其 *All of Statistics* 一书中指出,统计学家和计算机学家都逐渐认识到对方在机器学习发展中的贡献。通常来说,统计学家长于理论分析,具有较强的建模能力;而计算机学家具有较强的计算能力和解决问题的直觉。因此,两者有很好的互补,机器学习的发展也正是得益于两者的共同推动。

机器学习是人工智能研究较为年轻的分支,尤其是 20 世纪 90 年代以来,在统计学界和计算机学界的共同努力下,一批重要的学术成果相继涌现,机器学习进入了发展的黄金时期。机器学习面向数据分析与处理,以无监督学习、有监督学习和强化学习等为主要的研究问题,提出和开发了一系列模型、方法和计算方法,如基于支持向量机的分类算法、高维空间中的稀疏学习模型等。

机器学习可分为监督学习、无监督学习、半监督学习和增强学习四个类别。本书中涉及的机器学习算法包括：模糊神经网络（Fuzzy Neural Network，FNN）、支持向量机（Support Vector Machine，SVM）、极限学习机（Extreme Learning Machine，ELM）、深度置信网络（Deep Belief Network，DBN）等。

（1）模糊神经网络

模糊系统理论是在 1965 年由美国加州大学 La. Zadeh 教授创立的模糊集合理论的数学基础上发展起来的，主要包括模糊控制、模糊推理、模糊逻辑和模糊集合理论等方面的内容。

1975 年，S. C. Lee 和 E. T. Lee 在 *Mathematical Biosciences* 杂志上发表 *Fuzzy Neural Network* 文章，提出了模糊神经网络的概念，明确地对模糊神经网络进行研究。目前，模糊神经网络在图像识别、设备故障诊断、自然语言理解、人类情报处理、系统分析、专家系统等方面都有广泛应用。目前，研究模糊神经网络的热潮仍然持续不衰。

Sui et al.（2012）等提出了一种新颖的多层前馈的模糊神经网络；Zhang（2011）提出了基于模糊神经网络的住宅物业市场价格模型；Kai-Shiuan et al.（2011）提出了基于模糊神经网络的机器人控制方案；Xia et al.（2010）提出了冷凝器的模糊神经网络故障诊断方案；Deng et al.（2011）和 Tang et al.（2010）提出了基于模糊神经网络的工艺变形预测模型；Yang（2010）提出了手语识别的模型神经网络方法。

（2）支持向量机

支持向量机是 Cortes et al.（1995）和 Vapnik（1998）提出来的。为了加大正例和反例之间的距离，支持向量机建立一个决策曲面，近似地实现风险最小化。因此，支持向量机适合于高维数据的模式识别和小样本等问题。

近年来，众多学者致力于支持向量机方面的研究，并将支持向量机应用到越来越多的领域，取得比较理想的效果。Tarabalka et al.（2010）将支持向量机应用于高光谱图像数据的分类和特征选取；Ribeiro et al.（2012）和 Yu et al.（2011）将支持向量机应用于信用风险和违约风险评价；Cumani et al.（2012）和张晓雷 等（2011）将支持向量机应用于语音识别和语音端点检测；Balabin et al.（2011）将支持向量机应用到量子化学数据的分类；Kim et al.（2010）将支持向量机应用于人脸识别中的特征提取；曹庆奎 等（2011）提出了基于模糊-支持向量机的煤层底板突水危险性评价；唐耀华 等（2009）提出了基于地震属性优选与支持向量机的油气预测方法。

（3）极限学习机

极限学习机是一种单隐层前馈神经网络，其输入层权值和隐含层阈值无须给定特殊的值，也无须像传统基于梯度的神经网络需要反向误差传播，而是随机给定的。由于极限学习机学习速度快、泛化能力好、结构简单，因此受到了广泛的应用，广大学者也提出一些改进极限学习机性能的优化算法。

李强 等（2017）针对极限学习机的隐含层节点冗余问题，采用改进的极限学习机提高移动机器人地面分类的准确率。王保义 等（2014）将在线序列优化的极限学习机应用到短期电力负荷预测模型的建立中，实验结果显示极限学习机预测模型在预测精度上优于支持向量机以及泛化神经网络预测模型的预测精度，且建立的模型具有良好的并行能力。Wang et al.（2017）针对多实例学习问题，以径向基核极限学习机为基础，提出了一种新的 MI-ELM 的极限学习机的多实例学习模型。贺彦林 等（2015）利用输入数据与输出数据间的相关关系，获得正负相关两类数据并对复杂化工过程软测量建立极限学习机模型。马致远等（2018）针对在线学习中极限学习机需要事先确定模型结构的问题，提出了兼顾数据增量和结构变化的在线极限学习机算法，实验表明改进算法相较于经典极限学习机及其在线和增量学习版本都具有较好的分类和回归准确率。Yadav et al.（2017）针对地下水位的波动问题，提出利用极限学习机和支持向量机两种模型对加拿大两个观测井地下水位进行预测。研究表明，与月平均地下水位预测的 SVM 模型相比，ELM 模型具有更好的预测能力。李民 等（2017）选用已采集的油田测井资料，分别采用费歇判别法、BP 神经网络、极限学习机三种模式识别法对稠油油藏岩性进行识别。Mahmood et al.（2016）提出利用基于 L1 范数的支持向量机对极限学习机隐含层节中无效的节点进行剪枝。Wang et al.（2016）针对大规模、高维数据的实际企业状况，提出了一种基于云计算和极限学习机的装备制造企业智能化、短期分布式能耗预测模型。Wang et al.（2015）提出了基于 MapReduce 的并行在线贯序极限学习机，与原始极限学习机和在线贯序极限学习机相比，提出的新极限学习机处理大规模数据的能力受单个处理单元内资源的限制，可以处理更大规模的数据。

（4）深度置信网络

深度学习是机器学习领域技术和模型较为丰富的一个研究方向，代表了以使用深层神经网络实现数据拟合的一类机器学习方法。到目前为止，深度学习研究对机器学习领域产生了非常大的影响（Arel et al.，2010；Deng et al.，2014；Lecun et al.，2015；Yu et al.，2011；Schmidhuber，2015），国际上很多著名的研究所和企业都成立了深度学习研究中心,对其在不同领域的应用给予了很大关注。2011 年,Mohamed 创建了基于深度学习的语音识别模型,该模型已经成功应用于 Google 语音检索、Youtube 等语音识别任务,取得了显著的识别效果;2012 年,在 ImageNet LSVRC 国际测评大会上,Krizhevsky 等人提出的一种深度学习模型在提供的标准数据集上取得了非常高的测评准确率,打破了当时的最高纪录;2013 年,百度尝试将深度学习应用于广告搜索,并取得了一定效果;2017 年,Tabar 等人将深度学习应用于脑电信号分类中,分类准确率大幅度提高。

深度信念网络(Deep Belief Network,DBN)由 Hinton(2002)等提出,作为一种深度学习方法,它得到了广泛的关注。DBN 是一种提取原始数据特征的概率生成模型,由堆叠的限制玻尔兹曼机 RBM 和带有误差反向传递算法的 BP 网络两部分组成,包括无监督和有监督两种学习模式:无监督学习通过 RBM 接收输入数据,采用逐层贪婪学习算法降低数据的维度,并尽可能避免数据失真,对每一层进行提取特征,得到一个接近全局最优的深层网络权值参数;有监督学习是 BP 网络利用误差反向传递算法对网络权值参数调优,减小分类或预测错误率,达到寻找网络的全局最优参数值目的,从而建立最佳的网络模型。DBN 能很好地提取输入数据特征,进而提高神经网络数据分类或者预测精度。作为当下深度学习的前沿方向之一,DBN 目前被广泛应用在图像处理、语音识别、故障诊断等领域,并取得较好的效果。

1.2.2 构造煤预测研究现状

构造煤(tectonically deformed coal)是指构造应力作用下产生变形的煤(张玉贵 等,2006,2007),即在不同的应力-应变环境和构造应力作用下,煤的物理结构、化学结构及其光性特征等都发生显著变化而形成具有不同结构特征、不同类型的构造变形煤(姜波 等,1998)。国内外很多学者针对构造煤已经开展了大量的研究工作,主要集中在构造煤的分类,构造煤的化学结构特征,构造煤的成因,构造煤厚度和分布预测,以及构造煤对煤与瓦斯突出的控制与影响(陈善庆,1989;Hou et al.,2012;Li et al.,2011;琚宜文 等,2004;李明,2013;屈争辉 等,2015)。

煤田地质勘探表明,地球物理测井信息能够反映煤体结构特征,很多学者都尝试利用测井资料识别构造煤层,取得了一些显著成果。张子戌 等(2007)提出了基于小波变换的测井曲线自动识别构造煤厚度的方法;彭苏萍 等(2008)提出了纵横波联合识别与预测构造煤的方法；姚军朋 等(2011)提出利用孔隙结构指数作为构造煤定量判识方法；董旭 等(2013)利用测井曲线和现场观测两种方法对比分析了构造煤的分布规律。当煤层含有构造煤时，其弹性性质明显区别于正常煤层，含构造煤煤层的地震属性明显区别于正常煤层的地震属性，因此一些学者利用地震属性预测构造煤的分布或者构造煤厚度。孙学凯 等(2011)联合弹性波阻抗反演与同步反演确定构造煤的分布范围；Chen et al.(2016)和Wang J. et al.(2017)用地震属性结合模糊神经网络、极限学习机等机器学习算法定量预测构造煤的厚度。

不同类型构造煤的分布规律对煤与瓦斯突出预测具有重要意义，虽然在一定条件下可以依据地质规律进行预测，但预测的准确度尚难满足实际需求，迫切需要提出新的预测方法。

1.2.3 地震属性研究现状

地震属性是由叠前、叠后地震数据，经过数学变换导出的有关地震波的几何形态、运动学特征、动力学特征和统计学特征(印兴耀 等,2006)。地震属性错综复杂，经过分析和处理后在煤层勘探、石油开发中具有非常重要的应用价值。地震属性是目前最广泛的构造和岩性解释技术之一(Ge et al.,2008;Li et al.,2016)。随着处理技术的发展，越来越多的地震属性数据集和各种反演成果给解释人员带来了困难。

地震属性种类较多，属性特性及针对性各异，通常在进行构造煤识别和预测之前需要优选出对研究区构造煤敏感、彼此相关性不强的地震属性组合。地震属性选择方法总体上可以分为基于知识经验的专家选择法、基于数学算法的自动选择法以及将两者共同使用的混合选择法。专家选择法利用专家知识经验结合地震资料直接挑选对研究区敏感的地震属性，或利用属性交会图分析属性组合作用。但是它受制于专家知识与经验的局限性，同时由于可选择属性较多，造成属性选择工作量大、难以兼顾多种属性的综合作用。基于数学算法的自动选择法的基础是地震属性与煤层性质之间存在统计相关性，可以采用机器学习、模式识别方法根据测井数据及地震数据实现属性优选。目前已引入煤层领域的地震属性优选、属性降维等技术，包括相关性分析、主成分分析、模糊神经网络、粗糙集、支持向量机、极限学习机等(Chopra et al.,2007;Kadkhodaie-Ilkhchi et al.,2009;唐耀华 等,2009;Wang et al.,2014;Wang X. et al.,2017)。

1.3　组织结构

本书主要研究机器学习对构造煤厚度分布预测的方法,根据研究内容将全书分为六章。

第1章:绪论。本章节主要介绍构造煤的概念、构造煤与瓦斯突出的关系以及本书所用到的机器学习算法,详细总结了目前关于构造煤、模糊神经网络算法、支持向量机、极限学习机和深度置信网络的国内外研究现状以及主要的研究内容和研究方法,同时对本书的研究内容做了概述。

第2章:构造煤模型与地震属性分析。本章节主要研究了构造煤模型地震属性特征和构造煤模型属性交会图特征,通过对所建立构造煤模型的地震属性特征分析,发现谱分解、振幅、频率等属性对构造煤发育都有较明显的反应,可以通过地震属性和属性交会图对构造煤厚度分布进行预测。

第3章:基于模糊神经网络的构造煤分布预测。本章节主要建立了基于FNN的构造煤厚度分布预测模型,通过对新景煤矿中部15#煤层构造煤分布的实际预测,取得了理想的预测效果。

第4章:基于支持向量机的构造煤分布预测。本章节利用地震属性和SVM,构建了基于SVM构造煤厚度分布的预测模型。通过正演模型数据和实际采区数据的定量预测,验证了SVM预测构造煤厚度分布的可信性。

第5章:基于极限学习机的构造煤分布预测。本章节主要构建了基于ELM的构造煤厚度分布的预测模型。通过实验,验证了ELM预测模型可用于预测煤矿采区构造煤厚度的分布。然而,ELM的预测精度对输入的地震属性、激活函数和隐含节点的数量都很敏感。

第6章:基于深度置信网络的构造煤分布预测。本章节提出了一种基于DBN模型的构造煤厚度分布预测模型。通过对芦岭煤矿8#煤层的构造煤厚度分布预测分析,验证了DBN模型的可靠性。

第7章:基于随机森林的构造煤厚度预测。本章节提出了一种鲸鱼优化随机森林的构造煤厚度预测模型。通过对芦岭煤矿8#煤层的不同种类的构造煤厚度预测分析,验证了模型的可靠性。

2 构造煤模型与地震属性分析

2.1 构造煤模型

为了研究地震属性与构造煤厚度的关系,建立如图 2-1(a)所示的构造煤模型。其中,煤层最薄处为 0 m,最厚处为 10 m;原生煤最薄处为 0 m,最厚处也为

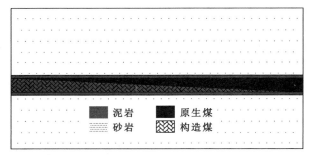

（a）构造煤模型

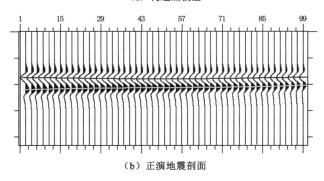

（b）正演地震剖面

图 2-1　构造煤模型及其正演地震剖面

10 m;直接顶/底是厚度为 2 m 的泥岩,基本顶/底为砂岩。选用主频为 50 Hz 的 Ricker 子波进行正演模拟,获得其对应的正演地震剖面如图 2-1(b)所示。对图 2-1 所示的构造煤模型正演地震剖面,分别提取正相位和负相位地震属性,分析煤层构造煤厚度对地震属性的影响。

2.2 地震属性分析

2.2.1 负相位属性分析

为了研究地震属性与构造煤厚度间的对应关系,沿如图 2-1(b)所示的负相位(线色层位)提取谱分解属性、瞬时振幅、瞬时频率和甜面体等属性,分析构造煤厚度与地震属性间的关系。

(1)谱分解属性

对于负相位煤系地层反射波,利用 S 变换提取负相位的谱分解属性值,分别获得 20 Hz、30 Hz、50 Hz、70 Hz 和 90 Hz 等 5 个频带所对应的谱分解值。将所获得的谱分解值与构造煤厚度间的关系绘制成图,则可以获得如图 2-2 所示的谱分解值与构造煤厚度间的关系图。由图可知,谱分解值与构造煤厚度间的关系比较复杂,不同频带谱分解值与构造煤厚度间的关系差异明显。

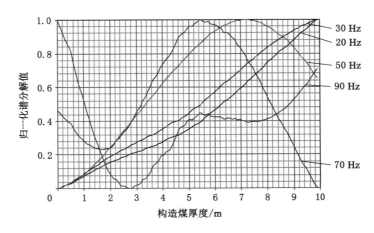

图 2-2 谱分解值与构造煤厚度间关系(负相位)

① 对于 20 Hz 和 30 Hz 等低频谱分解,构造煤厚度与谱分解值间呈正相关

性。其曲线特征类似于下弦弧,上升趋势先慢后快;其中,30 Hz 曲线曲率较小,更接近对角线。因此,当利用低频谱分解来预测构造煤厚度时,30 Hz 谱分解所反映的构造煤厚度更直观,并且响应值与构造煤厚度间存在近线性关系。

② 对于 50 Hz 等中频谱分解,与构造煤厚度间的关系非线性,类似抛物线。当构造煤厚度小于 7.2 m 时,随着构造煤厚度的增大,谱分解响应值逐渐增大;当构造煤厚度大于 7.2 m 时,随着构造煤厚度的增大,谱分解响应值间呈加速下降趋势。整个曲线形态类似于前半个周期的正弦曲线,当构造煤厚度小于 7.2 m 时,利用 50 Hz 谱分解预测构造煤厚度时,较为有利。

③ 对于 70 Hz 和 90 Hz 等高频谱分解,构造煤厚度与谱分解值间的关系相对复杂。类似于多个周期的余弦曲线,有多个极值。因此,构造煤厚度与高频谱分解值间的相关性较差,不利于构造煤厚度的预测。

因此,对于构造煤厚度小于 7.2 m 的煤层,负相位波的 20 Hz、30 Hz 和 50 Hz 谱分解响应与构造煤厚度间存在着正相关对应关系,可以利用它们预测构造煤厚度。

(2) 振幅属性

类似于谱分解属性,煤系地层反射波的振幅属性常被用来预测构造煤厚度,特别是甜面体属性。对于本次所建立的构造煤模型,负相位波的瞬时振幅和甜面体等属性与构造煤厚度间的关系如图 2-3 所示。由图可知,瞬时振幅和甜面体属性与构造煤厚度间呈有一定相移的余弦曲线关系,其中甜面体属性曲线的相移较小。① 对于瞬时振幅,当构造煤厚度小于 1.5 m 时振幅属性由0.05

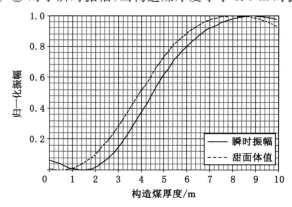

图 2-3　振幅属性与构造煤厚度间关系(负相位)

逐渐减小至0.0;当构造煤厚度继续增大并小于8.5 m时,其振幅值逐渐增大到最大值;当构造煤厚度继续增大时,振幅值略有减小。② 对于甜面体属性,当构造煤厚度由0 m增大至8.1 m时,甜面体由最小值增大到最大;当构造煤厚度继续增大时,振幅值略有减小。

因此,对于负相位波,瞬时振幅和甜面体等振幅属性与构造煤厚度间的关系较简单。构造煤厚度较大时,其响应值较大;构造煤厚度较小时,其响应值较小。特别是甜面体属性,当构造煤厚度小于8.1 m时,其响应值与构造煤厚度间呈正相关性。当仅有构造煤厚度影响煤层反射时,可以直接利用其预测构造煤的厚度。

（3）频率属性

优势频率和瞬时频率等频率属性常被用来预测构造煤厚度。对于本次所建立的构造煤模型,负相位波的频率属性与煤层厚度间的关系如图2-4所示。由图可知,优势频率和瞬时频率与构造煤厚度的关系基本一致,类似于开口向上的抛物线。当构造煤厚度小于6 m时,两条曲线基本重合。① 当构造煤厚度为3.8 m时,曲线位于最低点,此时归一化频率值为"0";② 当构造煤厚度小于3.8 m时,随着构造煤厚度的增大,归一化频率值由最大值迅速减小到最小值;③ 当构造煤厚度大于3.8 m时,随着构造煤厚度的增大,归一化频率逐渐上升,但上升速度较慢。

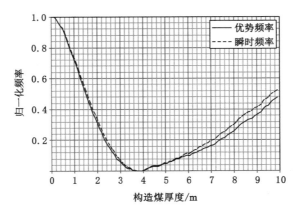

图2-4　频率属性与构造煤厚度间关系(负相位)

因此,对于负相位波,当构造煤厚度介于3～5 m时,其归一化频率值较小;当构造煤厚度较薄时,其归一化频率值较大;在其他条件下,其归一化频率值中等。因此,频率属性有利于预测无构造煤或构造煤厚度较薄的情况,而对其他情况的构造煤的预测能力较弱。

2.2.2 正相位属性分析

为了研究地震属性与构造煤厚度间的对应关系,沿如图 2-1(b)所示的正相位(黄色层位)提取谱分解属性、瞬时振幅、瞬时频率和甜面体等属性,分析构造煤厚度与地震属性间的关系。

（1）谱分解属性

对于正相位煤系地层反射波,利用 S 变换提取正相位的谱分解属性值,分别获得 20 Hz、30 Hz、50 Hz、70 Hz 和 90 Hz 等 5 个频带所对应的谱分解值。将所获得的谱分解值与构造煤厚度间的关系绘制成图,则可以获得如图 2-5 所示的谱分解值与构造煤厚度间的关系图。由图可知,谱分解值与构造煤厚度间的关系比较复杂,不同频带谱分解值与构造煤厚度间的关系差异明显。

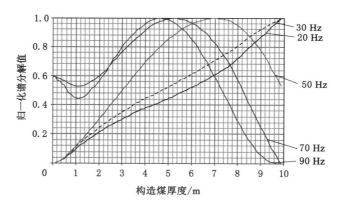

图 2-5　谱分解值与构造煤厚度间关系（正相位）

① 对于 20 Hz 和 30 Hz 等低频谱分解,构造煤厚度与谱分解值间呈正相关性,与负相位曲线的关系基本类似。其曲线特征类似于下弦弧,上升趋势先慢后快,其中 30 Hz 曲线曲率较小,更接近对角线。因此,当利用低频谱分解来预测构造煤厚度时,30 Hz 谱分解反映构造煤厚度更直观,并且响应值与构造煤厚度间存在近线性关系。

② 对于 50 Hz 等中频谱分解,其与构造煤厚度间的关系非线性,类似抛物线。当构造煤厚度小于 7.1 m 时,随着构造煤厚度的增大,谱分解响应值逐渐

增大；当构造煤厚度大于 7.1 m 时，随着构造煤厚度的增大，谱分解响应值间呈加速下降趋势。整个曲线形态类似于前半个周期的正弦曲线，当构造煤厚度小于 7.1 m 时，利用 50 Hz 谱分解预测构造煤厚度较为有利。

③ 对于 70 Hz 和 90 Hz 等高频谱分解，构造煤厚度与谱分解值间的关系相对复杂。类似于多个周期的余弦曲线，有多个极值。因此，构造煤厚度与高频谱分解值间的相关性较差，不利于构造煤厚度的预测。但当构造煤厚度小于 5 m 时，构造煤厚度较薄时，70 Hz 和 90 Hz 谱分解响应值较低；构造煤厚度较厚时，70 Hz 和 90 Hz 谱分解响应值较大，基本呈线性关系。

因此，类似于负相位谱分解属性，当构造煤厚度小于 7 m 时，20 Hz、30 Hz 和 50 Hz 谱分解响应与构造煤厚度间存在着较简单的正相关性，可以比较直接地预测构造煤厚度。而对于 70 Hz 和 90 Hz 谱分解，由于其响应值与构造煤厚度间非线性关系，利用其预测构造煤厚度较复杂。对于 70 Hz 和 90 Hz 谱分解属性，只有当构造煤厚度小于 5 m 时，对预测构造煤厚度才较有利。

（2）振幅属性

类似于谱分解属性，煤系地层反射波的振幅属性常被用来预测构造煤厚度，特别是甜面体属性。对于本次所建立的构造煤模型，正相位波的瞬时振幅和甜面体等属性与构造煤厚度间的关系如图 2-6 所示。类似于负相位曲线，瞬时振幅和甜面体属性与构造煤厚度间呈有一定相移的余弦曲线关系。① 对于瞬时振幅，当构造煤厚度小于 0.5 m 时振幅属性由略大于 0.0 逐渐减小于 0.0；当构造煤厚度继续增大、并小于 5.7 m 时，其振幅值逐渐增大到最大值；当构造煤厚度继续增大时，振幅值逐渐减小到最大值的一半。② 对于甜面体属性，当

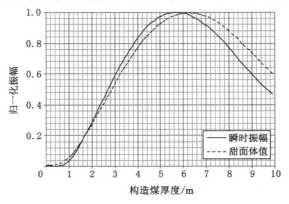

图 2-6　振幅属性与构造煤厚度间关系（负相位）

构造煤厚度小于 6.4 m 时,振幅属性由 0.0 逐渐增大到最大值;当构造煤厚度继续增大时,其振幅值逐渐减小到 0.6。

因此,对于正相位波,瞬时振幅和甜面体等振幅属性与构造煤厚度间的关系较复杂。当构造煤厚度较小时,其响应值较小;当构造煤厚度介于 4.0~8.0 m 时,其响应值较大;在其他构造煤厚度条件下,其响应值中等。总之,利用正相位振幅属性预测构造煤厚度较为不利。

（3）频率属性

优势频率和瞬时频率等频率属性常被用来预测构造煤厚度。对于本次所建立的构造煤模型,其正相位波的频率属性与煤层厚度间的关系如图 2-7 所示。由图可知,优势频率和瞬时频率与构造煤厚度的关系基本一致,近似重合,类似于多周期的余弦曲线。① 当构造煤厚度小于 1.1 m 时,曲线由左上角略下位置减小到次极小值。② 当构造煤厚度介于 1.1~3.5 m 时,随着构造煤厚度的增大,归一化频率值逐渐增大到最大值。③ 当构造煤厚度大于 3.5 m 时,随着构造煤厚度的增大,归一化频率逐渐减小于 0.0。

因此,对于正相位波,当构造煤厚度小于 6 m 时,其归一化频率值与构造煤厚度间关系波动较大,不利于构造煤厚度的预测。总之,利用正相位波频率属性预测构造煤厚度难度较大。

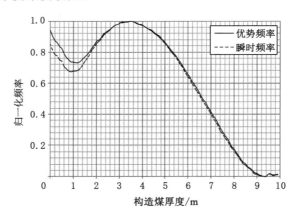

图 2-7　频率属性与构造煤厚度间关系（正相位）

2.2.3　正负相位波属性交会图特征分析

对于仅有构造煤厚度影响的煤层反射波,在上节正相位波和负相位波属性特征分析的基础上,研究正相位波属性和负相位波属性间的对应关系。选择有利于构造煤厚度预测的 20 Hz 谱分解、50 Hz 谱分解属性,甜面体属性和瞬时频率属性等进行交会图分析,其交会图如图 2-8 所示。所有交会图的横坐标为正相位属性,纵坐标为负相位属性,右侧色标为构造煤厚度,单位为 m。

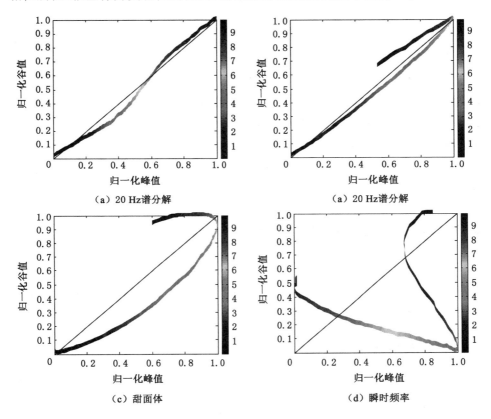

图 2-8　正负相位属性值交会图

由图 2-8 所示的所有正负相位属性交会图可见,正相位属性与负相位属性间呈非线性关系。① 如图 2-8(a)20 Hz 谱分解属性交会图所示,交会图轨迹紧邻对角线上下小幅摆动。随着构造煤厚度的增大,交会图散点由左下角向右上角移动。② 如图 2-8(b)50 Hz 谱分解属性交会图所示,交会图轨迹为一反转折线。当构造煤厚度小于 7.1 m 时,其轨迹紧临对角线由左下角逐渐移动到右上角。当构造煤大于 7.1 m 时,其轨迹突然反转,并以斜率小于"1"的直线向左侧移动。③ 如图 2-8(c)甜面体属性交会图所示,交会图轨迹较复杂,类似于大半个椭圆。当构造煤厚度小于 6.4 m 时,随着构造煤厚度的增大,其散点由左下角向右上角移动,并且其轨迹位于对角线下方。当构造煤厚度大于 6.4 m 时,随着构造煤厚度的增大,其散点由右上角向左小范围移动。④ 如图 2-8(d)瞬时频率属性交会图所示,交会图轨迹较复杂,呈倾斜的"γ"形。当构造煤厚度小于 4.6 m 时,随着构造煤厚度的增大,其散点由近右上角向右下角做"S"形移动。当构造煤厚度大于 4.6 m 时,随着构造煤厚度的增大,其散点由右下角向左侧中部移动,轨迹位于对角线下方。

因此,对于 20 Hz 谱分解属性,正负相位属性交会图轨迹紧邻对角线,近线性,正负相位属性可以相互代替;对于 50 Hz 谱分解属性,当构造煤厚度小于 7.1 m 时,正负相位属性也可以相互替代;对于甜面体和瞬时频率属性,其正负相位属性交会图轨迹较复杂,非线性,因此正负相位属性不可以相互替代。特别是瞬时频率属性交会图轨迹,只有当构造煤厚度大于 4.6 m 时才呈单向移动。

2.3 构造煤模型属性交会图分析

通过前面构造煤模型属性分析可知,当煤层厚度较薄时,正相位属性和负相位属性差异不大。因此,在进行属性交会图分析时只需要选择正相位或负相位属性进行分析即可,在此选择负相位来研究构造煤模型的属性交会图。

2.3.1 谱分解属性间交会图

对于构造煤模型反射波,提取负相位波的谱分解属性,并将其绘制成如图 2-9 所示的谱分解属性交会图。图中,彩色矩形点为交会图散点,色标表示构造煤厚度,实心线为逼近散点的函数曲线。如图 2-9 所示的交会图,大部分散点轨迹规律性较差,很难用简单函数对其进行逼近。

如图 2-9(a)20 Hz-30 Hz 交会图所示,当煤层厚度小于 10 m 时,交会图散点几乎和正弦曲线重合,并且曲线紧邻对角线,两属性相关性较强;当构造煤厚度逐渐增加时,散点由左下角逐渐增大至右上角。如图 2-9(b)20 Hz-50 Hz 交会图所示,当煤层厚度小于 10 m 时,交会图散点类似于正弦曲线;当构造煤厚度由 0 m 增大至 7 m 时,散点由左下角增大至最大值;当构造煤厚度继续增大时,散点逐渐向右侧中部移动。如图 2-9(c)20 Hz-70 Hz 交会图所示,当构造煤厚度小于 5.5 m 时,轨迹类似于有一定相移的余弦曲线;当构造煤厚度大于

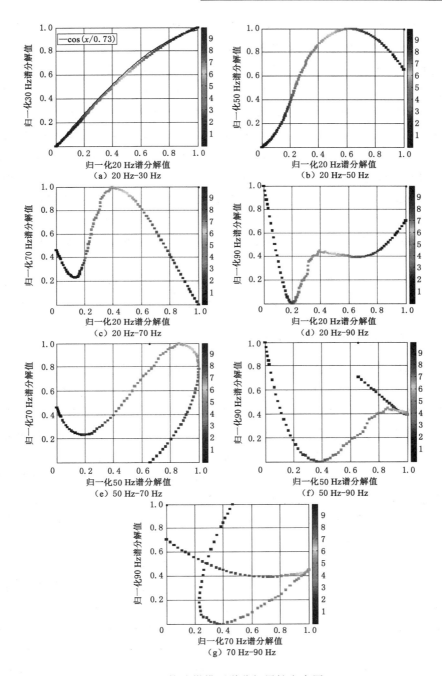

图 2-9 构造煤模型谱分解属性交会图

5.5 m时,随着构造煤厚度的增大,散点由最大值逐渐减小至右下角。如图 2-9 (d)20 Hz-90 Hz交会图所示,当构造煤厚度由 0 m 增大至 3 m 时,散点由左上角逐渐减小至最小值;当构造煤厚度继续增大至 10 m 时,散点呈台阶式向右上角移动。如图 2-9(e)50 Hz-70 Hz交会图所示,当构造煤厚度由 0 m 增大至 2.5 m 时,散点由左侧中部略微下降至次极值;当构造煤厚度介于 2.5~5.5 m 时,散点由极小值向靠近右上角位置逐渐移动;当构造煤厚度继续增大时,交会图散点逐渐由右上角向右下角左侧移动。如图 2-9(f)50 Hz-90 Hz交会图所示,当构造煤厚度由 0 m 增大至 3 m 时,散点由左上角逐渐下降至最小值;当构造煤厚度继续增大至 5.5 m 时,散点逐渐向右侧中部移动;当构造煤厚度继续增大时,交会图散点略向右下方移动后又向左上方呈线性移动。如图 2-9(g)70 Hz-90 Hz交会图所示,当煤层厚度小于 10 m 时,交会图散点轨迹较复杂,规律性不强。

由图 2-9 可见,不同的谱分解属性交会图散点轨迹特征的差异较大;在进行构造煤厚度预测时,要依据所选择的谱分解属性的不同而作出相应的调整。

2.3.2　谱分解与振幅属性交会图

由构造煤模型负相位属性分析可知,构造煤瞬时振幅和甜面体等属性随着煤层厚度变化的曲线差异较明显,在谱分解属性与振幅属性交会图上瞬时振幅和甜面体属性略有差异。为此,将谱分解-瞬时振幅交会图散点和谱分解-甜面体交会图散点绘制到同一张交会图中。如图 2-10 所示,彩色矩形标记为交会图散点,彩色色标为煤层厚度,散点轨迹附近标注为瞬时振幅或甜面体属性。

如图 2-10(a)30 Hz-振幅属性交会图所示,30 Hz谱分解-振幅属性交会散点轨迹类似有一定相移的正弦曲线;瞬时振幅曲线和甜面体属性曲线几乎完全一致,但瞬时振幅曲线的相移略大于甜面体曲线;随着构造煤厚度由 0 m 增大至 10 m,交会散点由左下角向右上角移动。如图 2-10(b)50 Hz-振幅属性交会图所示,50 Hz谱分解-振幅属性交会散点轨迹类似扁平的大半椭圆;瞬时振幅曲线和甜面体属性曲线几乎完全一致,但瞬时振幅曲线略靠右侧;随着构造煤厚度由 0 m 增大至 10 m,交会散点由左下角移动至右上角。如图 2-10(c)70 Hz-振幅属性交会图所示,70 Hz谱分解-振幅属性交会的散点轨迹类似于反"S"形;瞬时振幅曲线和甜面体属性曲线几乎完全一致,但瞬时振幅曲线略靠下;随着构造煤厚度由 0 m 增大至 10 m,交会散点由中下部向右上角偏下处移动,再移动至左上角。如图 2-10(d)90 Hz-振幅属性交会图所示,90 Hz谱分解-

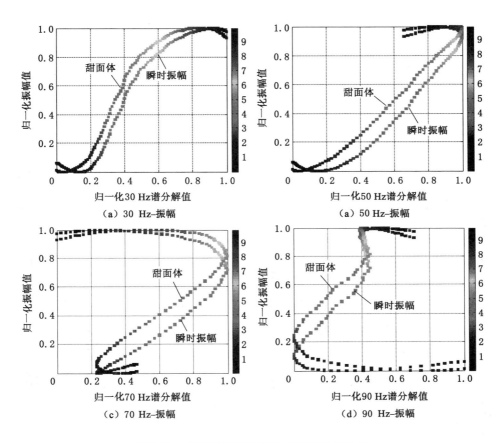

图 2-10　构造煤模型谱分解-振幅属性交会图

振幅属性交会散点轨迹类似"ε"形;瞬时振幅曲线和甜面体属性曲线几乎完全一致,但瞬时振幅曲线略靠下;随着构造煤厚度由 0 m 增大至 10 m,交会散点由右下角先向左下角偏上处移动,再移动至中上部。

由如图 2-10 所示谱分解-振幅属性交会图可见:① 当交会图的横坐标为低频或中频谱分解属性,纵坐标为振幅属性时,较薄构造煤的散点位于交会图的左下角,较厚构造煤的散点位于交会图的右上角,中等厚度构造煤的散点位于交会图的中部,如图 2-10(a)和图 2-10(b)所示;② 当交会图的横坐标为高频谱分解属性,纵坐标为振幅属性时,较薄构造煤的散点位于交会图的中下部,较厚构造煤的散点位于交会图的上部,中等厚度构造煤的散点位于交会图的中部,如图 2-10(c)和图 2-10(d)所示。

2.3.3 谱分解与频率属性交会图

由构造煤模型负相位属性分析可知,瞬时频率和优势频率两属性随着构造煤厚度变化的曲线几乎重合,因此,分析谱分解属性与频率属性交会图时只需分析谱分解-瞬时频率属性交会图即可。如图 2-11 所示谱分解-瞬时频率属性交会图,彩色矩形标记为交会图散点,右侧色标为构造煤厚度。

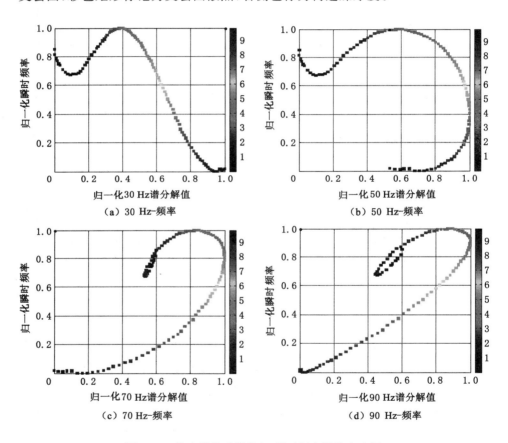

图 2-11 构造煤模型谱分解-瞬时频率属性交会图

如图 2-11(a)30 Hz-瞬时频率交会图所示,交会图散点轨迹类似于波幅有一定变化的余弦曲线,并且曲线有较小的相移;随着构造煤厚度由 0 m 增大至3.5 m 时,交会图散点由左上角下部位置先略微减小,后又上升至最大值;当构造煤厚度大于 3.5 m 时,交会图散点逐渐移动至右下角。如图 2-11(b)50 Hz-

瞬时频率交会图所示,交会图散点轨迹类似于倾斜 45°的"Ω"形;随着构造煤厚度由 0 m 增大至 3.5 m 时,交会图散点由左上角下部位置先略微减小,后又上升至最大值;当构造煤厚度由 3.5 m 增大至 10 m 时,交会图散点由最大值沿半圆形轨迹下降至中下部。如图 2-11(c)70 Hz-瞬时频率交会图和图 2-11(d)90 Hz-瞬时频率交会图所示,交会图散点轨迹基本一致,类似于倾斜 45°的"ρ";随着构造煤厚度由 0 m 增大至 3.5 m 时,交会图散点中上部向右上角移动,并达到最大值;当构造煤厚度由 3.5 m 增大至 10 m 时,交会图散点先向右下方移动,再由左下方移动至左下角。

由如图 2-11 所示谱分解-瞬时频率属性交会图可见:① 当交会图的横坐标为低频和中频谱分解属性,纵坐标为瞬时频率属性时,较薄构造煤的散点位于交会图的左上角,较厚构造煤的散点位于交会图的右下角,中等厚度构造煤的散点位于交会图的中部,如图 2-11(a)和图 2-11(b)所示;② 当交会图的横坐标为高频谱分解属性,纵坐标为瞬时频率属性时,较薄构造煤的散点位于交会图的中上部,较厚构造煤的散点位于交会图的左下角,中等厚度构造煤的散点位于靠近交会图右上角的位置,如图 2-11(c)和图 2-11(d)所示。

2.3.4 振幅属性与频率属性交会图

由构造煤模型负相位属性分析可知,瞬时振幅和甜面体属性间存在略微的差异,因此,可以将瞬时振幅属性-瞬时频率属性交会图和甜面体-瞬时频率属性交会图放在同一张图中分析。如图 2-12 所示为振幅-瞬时频率属性交会图,彩色矩形标记为交会图散点,右侧色标为煤层厚度。

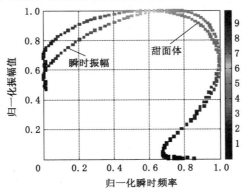

图 2-12 构造煤模型瞬时频率与振幅属性和甜面体交会图

如图 2-12 瞬时频率-瞬时振幅交会图和瞬时频率-甜面体交会图所示,交会图散点轨迹类似于"?"号的上半部分;随着构造煤厚度由 0 m 增大至 3.5 m 时,交会图散点由靠近右下角的左侧逐渐上升至靠近右下角的下部;当构造煤厚度由 3.5 m 增大至 10 m 时,交会图散点先向左、向上略微增大至最大值,再向左下方移动至左下角下方;当构造煤层厚度小于 3.5 m 时,瞬时振幅和甜面体的散点轨迹几乎重合;当构造煤厚度大于 3.5 m 时,瞬时振幅和甜面体的散点轨迹类似,但瞬时振幅散点轨迹的曲率略大。

由图 2-12 所示瞬时频率-振幅属性交会图可见,当交会图的横坐标为瞬时频率属性,纵坐标为瞬时振幅或甜面体属性时,较薄构造煤的散点位于交会图的右下角,较厚构造煤的散点位于交会图的左上角,中等厚度构造煤的散点位于交会图的右上角。

2.4　小结

本章主要通过建立正演模型对其地震响应特征进行研究,主要研究了如下两个方面的内容:

(1)构造煤模型地震属性特征。① 对于构造煤模型,谱分解响应与构造煤厚度关系曲线较复杂。20 Hz 和 30 Hz 的低频谱分解属性和构造煤厚度间呈正相关性,关系曲线位于对角线附近;中、高频谱分解属性和构造煤厚度间关系类似于余弦曲线;随着谱分解频率的增高,曲线的周期变小。② 瞬时振幅和甜面体等振幅属性与构造煤厚度间呈正相关性,关系曲线类似于有较小相移的正弦曲线;构造煤厚度较薄时响应值较小,构造煤厚度较厚时响应值较大。③ 优势频率和瞬时频率等频率属性与构造煤厚度间的关系较复杂,并且正负相位波差异明显。④ 正负相位低频谱分解和振幅属性呈近线性关系,而中频谱分解、甜面体和频率属性则具有较明显的非线性关系。

(2)构造煤模型属性交会图特征。① 对于构造煤模型,谱分解属性交会图散点轨迹较复杂。在低频和中频谱分解交会图中,构造煤厚度较薄的散点位于交会图的左下角,构造煤较厚的散点位于右上角;而在高频谱分解属性交会图中,构造煤厚度较薄的散点位于交会图的左侧,构造煤较厚的散点位于交会图的右侧。② 谱分解-振幅属性交会图散点轨迹较复杂。在低频和中频谱分解-振幅属性交会图中,构造煤厚度较薄的散点位于交会图的左下角,构造煤较厚的散点位于交会图的右上角;在高频谱分解-振幅属性交会图中,构造煤厚度较薄的散点位于交会图的下侧,构造煤较厚的散点位于交会图的上侧。③ 谱分解-频率属性交会图散点轨迹也很复杂。在低频和中频谱分解-频率属性交会图中,构造煤厚度较薄的散点位于交会图的左上角,构造煤较厚的散点位于交会图的右下角;在高频谱分解-频率属性交会图中,构造煤厚度较薄的散点位于交会图的中上部,构造煤较厚的散点位于交会图的左下角。④ 振幅-频率属性交会图散点轨迹类似于"?"号的上半部分,构造煤厚度较薄的散点位于交会图的右下角,构造煤厚度较厚的散点位于交会图的左上角,中等厚度的散点位于交会图的右上角。

总之,通过对所建立构造煤模型的地震属性特征分析,发现谱分解、振幅、频率等属性对构造煤发育都有较明显的反应,可以通过地震属性和属性交会图对构造煤厚度分布进行预测。

3 基于模糊神经网络的构造煤分布预测方法

3.1 基本原理

3.1.1 神经网络模型

众所周知,机器学习是解决分类问题的经典方法之一,而神经网络则属于机器学习的一个研究分支,在处理传统分类问题上具有准确率高、效果显著等特点。神经网络通过神经元之间的互联作用组成了一个可以接受和处理信息的模型,在输入与输出过程中模拟了生物神经系统,对从外界所接收的信息进行加工处理并作出输出反馈。现如今,随着大规模并行计算与 GPU 设备的普及,计算机的计算能力得以大幅提高,并且各种研究数据的规模也越来越大,这就促使机器学习得到了显著发展,各种神经网络模型以及智能处理算法相继被提出并应用于许多研究领域。研究人员可以通过构建合适的神经网络模型来处理复杂的、非线性最优化以及分类和回归等问题。

心理学家 Warren McCulloch 和数学家 Walter Pitts 于 1943 年最早提出了一种基于简单逻辑运算的人工神经网络,这种神经网络模型被称为 MP 模型,从此开启了人工神经网络的研究序幕。神经网络之所以能够接收外界信息并进行加工处理,其原因是神经网络中神经元的存在,神经元作为神经网络中最重要的基础处理单元,起到了不可替代的重要作用。

神经元结构如图 3-1 所示。假设存在 n 个神经元同时向神经元 j 传递信息,这些信息将作为神经元 j 的输入信息,记为向量形式: $x = [x_1, x_2, \cdots, x_n]^T$。两个神经元之间靠突触进行互联来传递信息,突触上的权值代表了它们之间连接的强弱程度: w_{ij} 表示为第 i 个神经元和第 j 个神经元之间的连接权值,权值

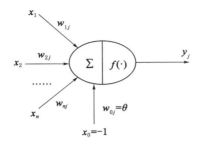

图 3-1 神经元模型

向量记为：

$$\boldsymbol{W} = \left[w_{1j}, w_{2j}, \cdots, w_{ij}, \cdots, w_{nj}\right]^{\mathrm{T}}$$

输入信息 $\boldsymbol{x}$ 与连接权值 $\boldsymbol{W}$ 在突触上发生作用，可以得到神经元 j 的加权输入 μ_j 表示为：

$$u_j = \sum_{i=1}^{n} (w_{ij} x_i) \tag{3-1}$$

在神经元内，设置阈值 α 为模仿生物神经元对外界刺激所作出反应的限值，并将该阈值 α 与神经元的加权输入 u_j 进行比较，如果加权输入 u_j 没有达到阈值 α，则表示该神经元处于抑制状态，反之处于激活状态。当神经元的状态被激活后，通过激活函数来处理 u_j 与 α 比较的结果，进而计算出神经元 j 的输出值 p_j：

$$p_j = f(\mu_j - \alpha) = f\left[\sum_{i=1}^{n} (w_{ij} x_i) - \alpha\right] \tag{3-2}$$

因此，可以看出神经元具有非线性运算能力强、信息有效处理与反馈等特点，使其在处理实际问题时更加高效。

神经网络模型总体上由三层结构组成，分别为输入层、隐藏层和输出层。输入层和输出层都只有一层。隐藏层指的是神经网络内部的所有层（层数通常大于或等于 1），即对输入信息进行处理的网络层。在这些网络层中，它们都是以全连接的形式表示上一层神经元与当前神经元之间的联系，每一层网络都由多个神经元构成。神经网络模型架构如图 3-2 所示。

由图 3-2 可以看出，神经网络这种计算模型从结构、实现机理以及功能上模拟了人脑神经网络，与生物神经元类似，由许多节点相互连接而成，通过这种构造对数据之间的复杂关系进行建模。同时，节点与节点之间通过连接赋予了不同的权重，代表了前一个节点对后一个节点的影响程度。输入信息经由输入层

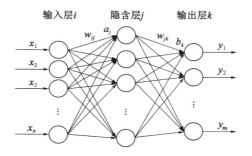

图 3-2　神经网络模型架构

传输到隐藏层中,每个节点通过综合计算来自上一层所有节点的信息与相应的权重,输入激活函数中并得到一个新的活性值(抑制或兴奋)即是该节点神经元的最终输出值。从总体来看,神经网络是由大量神经元通过极其丰富与完善的连接所构成的自适应非线性动态系统。

3.1.2　T-S 神经网络

模糊神经网络在图像识别、设备故障诊断、自然语言理解、人类情报处理、系统分析、专家系统等方面都有广泛应用。

T-S 模糊模型是由 Takagi 和 Sugeno 于 1992 年提出的,该模型具备自动更新的能力,同时可以调整模糊子集的隶属度函数。模型使用"if-then"规则形式定义,在规则为 R^i 的情况下,模糊推理如下:

$$R^i: \text{If } X_1 \text{ is } A_1^i, X_2 \text{ is } A_2^i, \cdots, X_k \text{ is } A_k^i \text{ then } y_i = p_0^i + p_1^i X_1 + \cdots + p_k^i X_k$$

其中,模糊集用 A_j^i 表示,参数用 $p_j^i(j = 1, 2, \cdots, k)$ 表示,输出用 y_i 表示。

对于输入量 $\boldsymbol{X} = [X_1, X_2, \cdots, X_k]$,根据模糊规则计算各输入变量 X_j 的隶属度

$$uA_j^i = \exp\left(-\frac{(x_j - c_j^i)^2}{b_j^i}\right) \quad j = 1, 2, \cdots, n \tag{3-3}$$

式中,c_j^i 为隶属度函数的中心,b_j^i 为隶属度函数的宽度。

输入参数用 k 表示,模糊子集数用 n 表示。

将各隶属度进行模糊计算,模糊算子作为连乘算子

$$\omega^i = \mu A_j^1(x_1) \cdot \mu A_j^2(x_2) \cdot \cdots \cdot \mu A_j^k(x_k) \quad i = 1, 2, \cdots, n \tag{3-4}$$

根据模糊计算结果计算模糊模型的输出值 y_i。

$$y_i = \sum_{i=1}^{n} \left[\omega^i (p_0^i + p_1^i X_1 + \cdots + p_k^i X_k) \right] / \sum_{i=1}^{n} \omega^i \qquad (3\text{-}5)$$

T-S 模糊神经网络由四层组成,如图 3-3 所示,分别是输入层、模糊化层、模糊规则计算层和输出层。输入层与输入向量的维数相同。模糊化层采用隶属度函数式(3-3)对输入值进行模糊化得到模糊隶属度值 μ。模糊规则计算层采用模糊连乘公式(3-4)计算得到 ω。输出层采用公式(3-5)计算神经网络的输出。

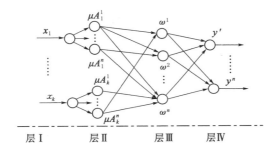

图 3-3　T-S 模糊神经网络结构

3.2　模型建立

3.2.1　T-S 模糊神经网络预测模型

为了验证模糊神经网络(FNN)预测构造煤厚度分布的可行性,建立如图 3-4 所示的 T-S 模糊神经网络预测模型,并利用此模型预测对正演地震属性所对应的构造煤厚度分布进行预测。在模型的建立过程中,根据训练样本的维数(即地震属性的个数)确定模糊神经网络输入和输出节点数、模糊隶属度函数个数等参数。在实际预测时,所输入的地震属性是经过遗传算法结合 BP 神经网络优化后的地震属性,而输出则是构造煤厚度。对于 FNN 神经网络的预测来说,隶属度函数的个数是非常重要的参数。经过多次测试,发现隶属度函数个数在 18~21,7 组系数($p_0 \sim p_6$)时的效果最好。而模糊隶属度函数中心 c 和模糊隶属度函数宽度 b 则由计算机随机产生。

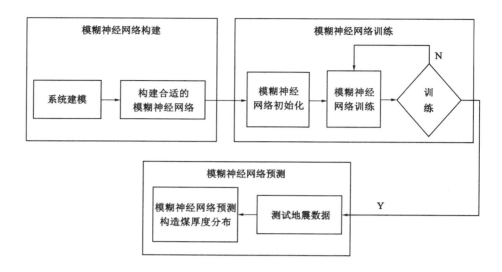

图 3-4　模糊神经网络预测构造煤厚度分布算法流程

3.2.2　地震属性优化

为了建立适合的构造煤厚度 FNN 预测模型,首先通过正演模拟获得理论数据集,再通过对理论数据集的训练获得预测模型关键参数。使用 2.1 节建立的构造煤模型,从含构造煤的地质模型中,抽取地震属性数据。提取了 20～120 Hz 的如表 3-1 所示的 12 种地震属性。为了保证输入预测模型地震属性的一致性,将所有属性进行归一化处理,将数据都转化到[0,1]。

表 3-1　地震属性列表

编号	变量	编号	变量	编号	变量
1	30 Hz 谱分解	5	加权频率	9	Q 值
2	60 Hz 谱分解	6	带宽	10	甜面体
3	70 Hz 谱分解	7	优势频率	11	瞬时频率
4	90 Hz 谱分解	8	瞬时振幅	12	波峰振幅

为了减少输入预测模型地震属性的维数,同时为了避免地震属性之间过度相似,利用遗传算法结合 BP 神经网络对所有地震属性进行优选。设定构造煤厚度不大于 3 m 的煤层为薄构造煤,构造煤厚度大于 3 m 的为厚构造煤。在本

次研究中,为了不失一般性,每次测试时利用随机分类函数将所有地震道随机抽取 68 道的地震属性为训练集,30 道的地震属性为测试集。因此,每次优选后的地震属性存在着一定的差异。通过遗传算法结合 BP 神经网络的属性优化后,获得如表 3-2 所示的地震属性优化结果。

表 3-2 遗传算法结合 BP 神经网络优化的地震属性结果

测试序号	优选地震属性序号	薄构造煤识别率/%	厚构造煤识别率/%	建模时间/s
测试 1	4、9、10	100	86.2	0.53
测试 2	2、4、10	100	96.2	0.58
测试 3	4、10	100	92.6	0.61
测试 4	9、10	100	91.7	0.44
测试 5	4、6、10	100	100	0.61
测试 6	2、4、9	100	96.4	0.58
平均		100	93.8	0.56

如表 3-2 所示,薄构造煤的最小、最大和平均识别率均为 100%,厚构造煤的最小、最大和平均识别率分别为 86.2%、100% 和 93.8%。一般来说,厚构造煤的识别率相对小于薄构造煤。对于薄构造煤,表 3-2 中列出的每个地震属性组合都具有 100% 的识别率。对于厚构造煤,当属性组合为序号 4、6、10 时,其识别率达到顶峰;当属性组合是序号 4、9、10 时,识别率最低。因此,不同的地震属性组合会导致厚构造煤识别率的不同。然而,我们不能得出序号 4、6、10 的属性组合识别率高于序号 4、9、10 的属性组合的结论。原因是每个优化的训练集和测试集都被随机分配了,而且几乎没有重复。同时,所有优化的时间都小于 1 s,彼此之间没有根本的差异。为了选择合理的属性组合,对表 3-2 中所有属性的出现频率进行统计和比较,因为序号 4 和 10 具有最大的出现频率,因此,用 90 Hz 谱分解和甜面体属性组合预测构造煤厚度。

3.2.3 参数测试

通过提取煤层反射波的正相位波地震属性,按比例抽取 68 道的地震属性为训练集,30 道的地震属性为测试集。将优选的 90 Hz 谱分解和甜面体两个地震属性作为 FNN 神经网络的输入层,构造煤厚度作为输出层。

对于 FNN 神经网络的预测来说,隶属度函数的个数是非常重要的参数。

为了优选出最佳个数的隶属度函数,分别选取 6~15 个隶属度函数,并将 68 个地震道的预测集数据输入 FNN 进行训练,获得预测模型;再将 30 个地震道的测试集数据输入预测模型,获得预测的构造厚度。将不同个数的隶属度函数预测厚度和实际厚度进行对比,则可以获得如图 3-5 所示对比图。通过计算预测值与实际值间的均方误差,发现 9 个隶属度函数的效果最好(均方误差为 0.105 3),6 个隶属度函数的效果最差(均方误差为 0.308 3),12 个隶属度函数和 15 个隶属度函数的效果居中。因此,该模型选用 9 个隶属度函数。

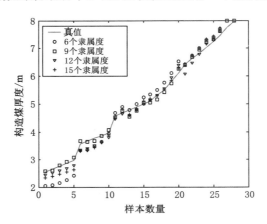

图 3-5　不同隶属度函数的预测结果比较

3.3　构造煤分布预测实例

3.3.1　研究区概况

新景煤矿位于中国西部沁水盆地的东北角,阳泉市西北部约 18 km 处,是瓦斯突出矿井。通常,沁水盆地是一个具有双边对称性的大型向斜盆地。在过去的地质时期,新景煤矿经历了 3 个主要的地质运动时期:印度支西亚时期、燕山时期和喜马拉雅时期,其中燕山期的 NWW-SEE 应力对局部结构的形成影响最大。因此,新景煤矿形成西北俯冲向斜,有 NE-NEE 二次褶皱,地层倾角小于 11°。在该煤矿里,有两个主要的可开采的煤层:3#煤层和 15#煤层。3#煤层属于二叠纪山西组,而 15#煤层属于石炭纪太原组。3#煤层已经得到了很好的研究,本书研究 15#煤层。15#煤层位于新景煤矿中部,其可采煤层较多,煤层瓦斯含量高,极易发生煤与瓦斯突出事故。根据钻孔实际揭露,15#煤层厚度为6.3~10.22 m,平均厚度为 7.98 m;构造煤位于 15#煤层的下部,厚度为 0~4.3 m,平均厚度为 1.57 m;煤层埋深为 575.9 ~ 640.93 m,平均埋深为623.8 m。15#煤层的直接顶板为黑色泥岩,厚度为 0~10.0 m,平均厚度为3.07 m,岩性较软,裂隙发育,比较破碎。其基本顶为灰黑色石灰岩,质地坚硬,常被 2~3 层黑色泥岩分成薄层状的石灰岩,厚度为 6.50~16.0 m,平均厚度为9.26 m。其底板为灰黑色砂质泥岩,厚度为 2.50~23.00 m,东部地区较薄,平均厚度为 15.00 m,与煤层呈明显接触,比较平整,具有剪切滑动面,与煤层极易分离。其基本底为灰白色细砂岩,质地致密。

可见,研究区内 15#煤层厚度大,煤层的顶、底板岩性具有较好的密闭性,受挤压构造活动控制,具有明显的层滑构造,构造煤发育,并且构造煤较厚的区域主要集中于两个向斜构造的核部。

3.3.2 构造煤分布预测

根据正演模型数据的研究结论,提取研究区 15#煤层 90 Hz 谱分解和甜面体等两种地震属性,并将其进行规范化处理,获得如图 3-6(a)(b)所示地震属性。图中,"+"形图标表示钻孔位置,其左上角的数字为钻孔名,左下角的数字为实际揭露的构造煤厚度;图中的白色线为 15#煤层的断层交面线和陷落柱边界,色标为归一化属性值。为了防止直径较大陷落柱和低信噪比资料对预测的不利影响,将其充零,不参与构造煤厚度的预测。

在实际利用基于 FNN 预测模型预测研究区构造煤厚度时,由于区内实际可以利用的钻孔仅 10 个(其中 3 个钻孔无法通过测井曲线判断构造煤厚度)。如果以此 10 个样点数据作为训练集,则样本数太少、很难保证所获得预测模型的可靠性。为此,将钻孔旁 25 m 范围内的地震属性提取出来作为训练集,共2 250道;其所对应的构造煤厚度,按照插值结果为准进行赋值。利用预测模型,将全区上述两种地震属性作为预测集,对目标区的构造煤厚度进行预测,获得如图 3-6(c)所示的构造煤厚度预测成果图。

为了检验基于 FNN 预测模型所预测构造煤厚度的精度,提取图 3-6(c)中钻孔处的预测厚度,并计算其和真实值间的绝对误差,列入表 3-3 中。由表可知,在钻孔处,预测值的最小绝对误差为 0.08 m,最大绝对误差为 0.46 m,平均绝对误差为 0.26 m,预测厚度与钻孔揭露厚度的吻合程度较高,预测精度较为理想。

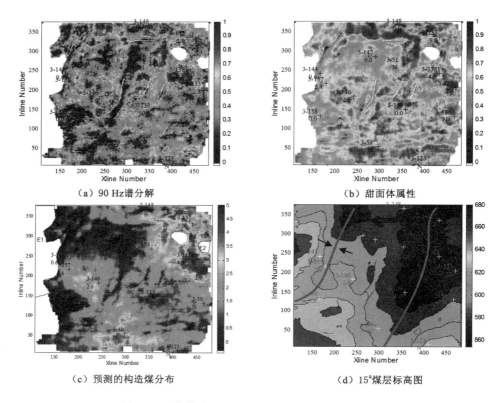

（a）90 Hz谱分解　　　　　　　　　　　（b）甜面体属性

（c）预测的构造煤分布　　　　　　　　　（d）15#煤层标高图

图 3-6　15#煤层地震属性及 FNN 预测构造煤厚度

表 3-3　15#煤层钻孔揭露信息及 FNN 预测构造煤厚度

序号	钻孔	实际构造煤厚度/m	预测构造煤厚度/m	绝对误差/m	备注
1	3-133	2.8	2.59	0.21	
2	3-137	3.0	2.74	0.26	
3	3-1381	4.3	4.09	0.21	
4	3-139	0.0	0.22	0.22	
5	3-144	0.6	0.26	0.34	
6	3-146	2.6	2.26	0.34	
7	3-147	0.0	−0.22	0.22	
8	3-148	0.0	0.27	0.27	
9	3-157	2.4	1.94	0.46	
10	3-158	0.0	−0.08	0.08	

表 3-3(续)

序号	钻孔	实际构造煤厚度/m	预测构造煤厚度/m	绝对误差/m	备注
11	3-51	N	2.69	N	2.0 m*
12	3-58	N	1.54	N	0.0 m*
13	3-59	N	3.06	N	3.0 m*
	平均	1.57	1.64	0.26	

* 备注：钻孔和测井工作都于 20 世纪 70 年代完成，柱状图标注不规范，时间久远、图纸保存质量较差，无法准确判断，所标构造煤厚度为测井曲线估计值。因此，在实际研究时，这部分数据仅作参考。

另一方面，将如图 3-6(c)所示的预测构造煤厚度与研究区地质概况相比较，发现所预测构造煤厚度较厚的区域主要分布于区内向斜构造的轴部，和区内的区域构造背景和规律相吻合。因此，通过对研究区的实际应用，发现本章所提出的预测方法和所建立的预测模型合理、有效，具有较好的预测泛化能力，所预测的构造煤厚度可靠性较高。

3.4　小结

本书利用 FNN 建立了构造煤厚度分布预测模型，通过对新景煤矿中部 15# 煤层构造煤分布的实际预测，取得了理想的预测效果。在本次预测过程中，主要获得了如下几点结论：

（1）新景煤矿中部 15# 煤层主要受东西向偏北的挤压构造应力控制，区内发育的断层主要以 NNE 向的逆断层为主，向斜轴也沿 NNE 向，并且向斜构造轴部层滑构造发育，具有较厚的构造煤。

（2）通过对正演模型数据分析，发现 90 Hz 谱分解和甜面体两种地震属性的组合最有利于构造煤厚度分布的预测。

（3）对于实际采区构造厚度分布预测来说，由于已知的钻孔数据较少，造成训练集样本太少，无法满足 FNN 预测模型参数训练的需要。因此，可以将钻孔附近一定半径范围内的地震道纳入训练集，提高训练集中的样本数，从而可以提高预测模型的可靠性。

（4）本章所建立的基于地震属性和 FNN 的构造煤厚度分布预测方法切实、可行，其所预测的构造煤厚度误差较小，为构造煤厚度分布的预测提供了一种新思路。

4 基于支持向量机的构造煤分布预测方法

4.1 基本原理

SVM(Support Vector Machine)是 20 世纪 90 年代由 V. Vapnik 等人提出的一种基于统计学习理论的机器学习方法,它以 VC 维理论和结构风险最小化原则为基础,通过一种非线性映射,将低维空间的训练数据映射到较高的维上,实现线性可分,并利用核函数有效地克服了映射函数会引发的维数灾难问题。

4.1.1 统计学习理论基础

(1)机器学习模型

机器学习模型主要是利用有限的训练数据寻找规律,根据找出的规律对未知的数据进行识别,做出尽可能准确的预测。其基本模型如图 4-1 所示。

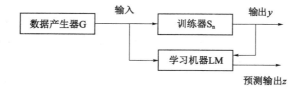

图 4-1 机器学习基本模型

由图 4-1 可知,模型主要分为 3 个部分:数据产生器 G、训练器 S_n 和学习机器 LM。通过数据产生器 G,产生相互独立且服从某个固定分布概率函数 $F(x)$ 的随机向量 x,每个输入向量 x 通过训练器 S 的训练,返回一个确定的输出 y,输出服从上述的分布函数 $F(y|x)$,从中取出 k 组相互独立且同分布的观测数

据构成训练数据集。机器学习 LM 能在一组函数集中对每个输入向量 x 产生一个预测输出值 z。

（2）VC 维理论

经验风险最小化原则是在整个决策函数集中,选择决策函数系统结构中产生的将经验风险降到最小的一个函数。为了研究函数集在学习过程中的一致性问题和收敛速度,统计学习理论定义了 VC 维作为有关函数集的学习性能指标。

定义 4.1（VC 维） 对于一个函数集,假如含有 h 个样本,若它能够被一个函数集中的函数按照所有可能的 2^h 种形式分开,则称这 h 个样本能够被这函数集打散,VC 维指的就是该函数集所能打散的最大样本数目 h。

VC 维反映了函数集的学习能力,VC 维越大则学习机器越复杂,因此,常使用 VC 维来定义一个学习机器的复杂程度。

（3）结构风险最小化

统计学习理论中将经验风险与实际风险间的关系称为推广性的界。当无法得知目标数据的先验概率和条件概率时,推广性的界就起着至关重要的作用。对于指示集中的所有函数,经验风险 $R_{emp}(w)$ 和实际风险 $R(w)$ 之间以至少 $1-\eta$ 的概率满足如下关系:

$$R(w) \leqslant R_{emp}(w) + \sqrt{\frac{h[\ln(2n/h)+1] - \ln(\eta/4)}{n}} \tag{4-1}$$

式中,h 为函数集的 VC 维,n 为样本数。

由此可以看出,学习机器的实际风险包括两个部分:一是经验风险(也称训练误差);二是置信区间,它与 h 以及 n 有关。

在样本有限的情况下,VC 维越高,置信区间越大,则容易导致真实风险与经验风险之间具有较大的差别,容易导致过学习。因此,在机器学习的过程中,保证经验风险最小的同时,也要使 VC 维尽量小,以保证置信区间的合理性,只有这样才能得到较小的实际风险,使其具有较好的推广性。

而结构风险最小化(Structural Risk Minimization,SRM)就是首先将函数集构造成一个函数子集序列,对其中的子集以 VC 维的大小为标准进行排列,然后找出子集中的最小经验风险,综合考虑子集间经验风险与置信区间的值,使得到最小实际风险,如图 4-2 所示。

SRM 的实现可以有两种思路:一是先求出各个子集中的最小经验风险,然后计算经验风险与实际风险的和,选择总和最小的函数子集。但这种方法较为

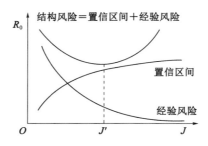

图 4-2　结构风险最小化示意图

麻烦,时间复杂度较高,且当函数子集数目较多时,实现较为困难。二是利用某种结构可以保证函数集的所有子集都达到最小经验风险,然后选择出其中置信空间最小的一个子集,那么该子集中的函数即为最优函数。支持向量机的实现就是利用这种思想。

4.1.2　线性可分与非线性可分

（1）线性可分 SVM

最初提出支持向量机是为了解决线性可分的问题,基本原理是建立一个超平面作为决策平面,根据最大间隔原则,使得该平面能最大限度地分开不同类的训练样本。

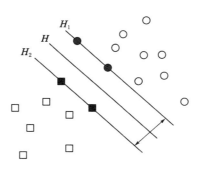

图 4-3　最优超平面示意图

定义 4.2(线性可分)　假设大小为 l 的训练样本集 $\{(x_i, y_i), i=1, 2, \cdots, l\}$,能够被划分成两类,若 x_i 属于第一类,用 $y_i=1$ 表示;若 x_i 属于第二类,用 $y_i=-1$ 表示。如果一个分类超平面 $wx+b=0$ 能够将所有的样本准确分开,保证该超平面的每一侧都是相同的样本,那么称该样本集线性可分。其中任意

(x_i, y_i)满足：

$$\begin{cases} wx_i + b \geqslant 1, & y_i = 1 \\ wx_i + b \leqslant 1, & y_i = -1 \end{cases}, \quad i = 1, 2, \cdots, l \Rightarrow y_i(wx_i + b) \geqslant 1 \quad (4\text{-}2)$$

此时分类间隔为 $\dfrac{2}{\parallel w \parallel}$，为了方便求解，最大化分类间隔即是求最小化

$\dfrac{\parallel w \parallel^2}{2}$。因此，该优化问题便转换成一个带有限制条件的二次优化问题：

$$\begin{cases} \min \dfrac{\parallel w \parallel^2}{2} \\ \text{s.t. } y_i(wx_i + b) \geqslant 1 \quad i = 1, 2, \cdots, l \end{cases} \quad (4\text{-}3)$$

引入拉格朗日函数：

$$J(w, b, \alpha_i) = \frac{1}{2} \parallel w \parallel^2 - \sum_{i=1}^{l} \{\alpha_i [y_i(wx_i + b) - 1]\} \quad (4\text{-}4)$$

式中，α_i 为拉格朗日系数，且 $\alpha_i > 0, i = 1, 2, \cdots, l$。

考虑到该问题的复杂性，一般将该问题转换为其对偶问题：

$$\begin{cases} \max Q(\alpha) = \sum_{i=1}^{l} \alpha_i - \dfrac{1}{2} \sum_{i=1}^{l} \sum_{j=1}^{l} [\alpha_i \alpha_j y_i y_j (x_i x_j)] \\ \text{s.t. } \sum_{i=1}^{l} (\alpha_i y_i) = 0, \quad \alpha_i \geqslant 0 \end{cases} \quad (4\text{-}5)$$

设求到的最优解为 $\boldsymbol{\alpha}^* = [\alpha_1^*, \alpha_2^*, \cdots, \alpha_l^*]^{\mathrm{T}}$，因此，最优的 w^* 和 b^* 为：

$$\begin{cases} w^* = \sum_{i=1}^{l} (\alpha_i^* x_i y_i) \\ b^* = -\dfrac{1}{2} w^* (x_r + x_s) \end{cases} \quad (4\text{-}6)$$

式中，x_r 和 x_s 为两类中的任意一对支持向量，最终能够求出最优分类函数：

$$f(x) = \text{sgn}\{\sum_{i=1}^{l} [\alpha_i^* y_i (xx_i)] + b^*\} \quad (4\text{-}7)$$

然而，在一个数据集中，通常会存在极少数的异常点，导致样本集无法顺利找到最优分类超平面。因此，考虑到这种现象，对式(4-3)中的函数引入松弛变量，即

$$\begin{cases} \min \dfrac{\parallel w \parallel^2}{2} + C \sum_{i=1}^{l} \xi_i, & \xi_i > 0 \\ \text{s.t. } y_i(wx_i + b) \geqslant 1 - \xi_i, & i = 1, 2, \cdots, l \end{cases} \quad (4\text{-}8)$$

式中,C 为惩罚因子,代表样本能够被误分的容错程度,调节经验风险与置信区间之间的比例。求解的方法与式(4-3)的求解方法相同,只是约束条件变为:

$$\begin{cases} \sum_{i=1}^{l} (\alpha_i y_i) = 0, \ i = 1, 2, \cdots, l \\ 0 \leqslant \alpha_i \leqslant C \end{cases} \tag{4-9}$$

得到的最终分类函数形式不变。

（2）非线性可分 SVM

在实际应用中,并不是所有问题都是线性可分的,因此,通常考虑利用非线性映射 $R^n \to H: x_i \to \varphi(x_i) \cdot \varphi(x_j)$ 将低维空间中的样本映射到高维空间中,能够在高维空间中实现线性可分,构造出最优分类超平面。

在输入空间中存在一个 K,满足 $K(x_i, x_j) = \varphi(x_i) \cdot \varphi(x_j)$,则函数 K 就称为核函数,核函数很好地避免了计算高维特征空间中的点积,减少了计算量。在高维特征空间中求解最优分类超平面的过程与低维空间的求解过程相似,只是对偶问题转换为:

$$\begin{cases} \max Q(\alpha) = \sum_{i=1}^{l} \alpha_i - \frac{1}{2} \sum_{i=1}^{l} \sum_{j=1}^{l} [\alpha_i \alpha_j y_i y_j K(x_i, x_j)] \\ \text{s. t.} \begin{cases} \sum_{i=1}^{l} (\alpha_i y_i) = 0, i = 1, 2, \cdots, l \\ 0 \leqslant \alpha_i \leqslant C \end{cases} \end{cases} \tag{4-10}$$

相应的最优分类函数变为:

$$f(x) = \text{sgn}\{ \sum_{i=1}^{n} [\alpha_i^* y_i K(x_i, x)] + b^* \} \tag{4-11}$$

核函数的提出避免了在高维特征空间中的复杂计算,避免了"维数灾难"。

4.1.3 支持向量回归机

为了利用支持向量机进行回归拟合,V. Vapnik 等在 SVM 的基础上引入 ε 型不敏感损失函数,得到支持向量回归机(SVR)。其基本思想不再是寻找一个最优分类面使得两类分开,而是寻找一个最优分类面使得所有训练样本离该最优分类面的误差最小,见图 4-4。

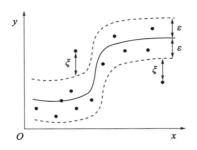

图 4-4 SVR 基本思想示意图

设含有 l 个训练样本的训练集样本对为 $(\boldsymbol{x}_i, y_i)$，$i = 1, 2, \cdots, l$，其中 $\boldsymbol{x}_i$ 是第 i 个训练样本的输入列向量，$\boldsymbol{x}_i = [x_i^1, x_i^2, \cdots, x_i^d]^T$，$y_i$ 为每个向量对应的输出值。

在高维特征空间中建立的线性回归函数为：

$$f(x) = w\varphi(x) + b \tag{4-12}$$

式中，$\varphi(x)$ 为非线性映射函数。

令 ε 型不敏感损失函数为：

$$L[f(x), y, \varepsilon] = \begin{cases} 0 & |y - f(x)| \leqslant \varepsilon \\ |y - f(x)| - \varepsilon & |y - f(x)| > \varepsilon \end{cases} \tag{4-13}$$

式中，$f(x)$ 为回归函数返回的预测值，y 为对应的实际值。若预测值与实际值之间的差值小于等于 ε，则损失等于 0。

引入松弛变量 ξ_i 和 ξ_i^*，求解问题变为：

$$\begin{cases} \min \dfrac{\|w\|^2}{2} + C \displaystyle\sum_{i=1}^{l} (\xi_i, \xi_i^*) & \xi_i \geqslant 0, \xi_i^* \geqslant 0 \\ \text{s. t.} \begin{cases} y_i - w\varphi(\boldsymbol{x}_i) - b \leqslant \varepsilon + \xi_i \\ -y_i + w\varphi(\boldsymbol{x}_i) + b \leqslant \varepsilon + \xi_i^* \end{cases} & i = 1, 2, \cdots, l \end{cases} \tag{4-14}$$

式中，C 为惩罚因子，值越大代表对训练误差越大的样本的惩罚程度越大；ε 表示回归误差，值越大代表回归函数的误差越大。

对式（4-14）求解，同样引入拉格朗日函数，并得到其对偶形式：

$$
\begin{cases}
\max\left\{-\dfrac{1}{2}\sum_{i=1}^{l}\sum_{j=1}^{l}\left[(\alpha_i-\alpha_i^*)(\alpha_j-\alpha_j^*)K(x_i,x_j)\right]\right\}- \\
\quad \left\{\sum_{i=1}^{l}\left[(\alpha_i+\alpha_i^*)\varepsilon\right]+\sum_{i=1}^{l}\left[(\alpha_i-\alpha_i^*)y_i\right]\right\} \\
\text{s. t.}\begin{cases}\sum_{i=1}^{l}(\alpha_i-\alpha_i^*)=0 \\ 0\leqslant\alpha_i,\alpha_i^*\leqslant C\end{cases}
\end{cases}
\tag{4-15}
$$

式中，$K(x_i,x_j)=\varphi(x_i)\varphi(x_j)$ 为核函数。

设求得的最优解为 $\boldsymbol{\alpha}=[\alpha_1,\alpha_2,\cdots,\alpha_l]$，$\boldsymbol{\alpha}^*=[\alpha_1^*,\alpha_2^*,\cdots,\alpha_l^*]$，则有

$$
\begin{cases}
w^*=\sum_{i=1}^{l}\left[(\alpha_i-\alpha_i^*)\varphi(\boldsymbol{x}_i)\right] \\
b^*=\dfrac{1}{N_{\mathrm{nsv}}}\Big(\sum_{0<\alpha_i<C}\Big\{y_i-\sum_{x_i\in SV}\left[(\alpha_i-\alpha_i^*)K(\boldsymbol{x}_i,\boldsymbol{x}_j)\right]-\varepsilon\Big\}+ \\
\quad \sum_{0<\alpha_i<C}\Big\{y_i-\sum_{x_j\in SV}\left[(\alpha_j-\alpha_j^*)K(\boldsymbol{x}_i,\boldsymbol{x}_j)\right]+\varepsilon\Big\}\Big)
\end{cases}
\tag{4-16}
$$

式中，N_{nsv} 为支持向量的个数。

因此，回归函数为

$$
\begin{aligned}
f(x)&=w^*\varphi(x)+b^*=\sum_{i=1}^{l}\left[(\alpha_i-\alpha_i^*)\varphi(\boldsymbol{x}_i)\varphi(\boldsymbol{x})\right]+b^* \\
&=\sum_{i=1}^{l}\left[(\alpha_i-\alpha_i^*)K(\boldsymbol{x}_i,x)\right]+b^*
\end{aligned}
\tag{4-17}
$$

其中，当 $(\alpha_i-\alpha_i^*)$ 不为零时，对应的样本 $\boldsymbol{x}_i$ 就是问题中的支持向量。

4.2 模型建立

4.2.1 测试数据准备

为了建立适合的构造煤厚度 SVR 预测模型，首先通过正演模拟获得理论数据集，再通过对理论数据集的训练获得预测模型关键参数。建立含构造煤的地质模型时，结合煤矿实际和本次研究实例，使用 2.1 节建立的构造煤模型。

据现有研究，谱分解、瞬时振幅、瞬时频率、甜面和优势频率等地震属性与

构造煤厚度具有一定的相关性。为此，提取上述地震属性，分析其与构造煤厚度间的相互关系。在进行属性提取时，利用 S 变换获得谱分解属性（Stockwell et al.，1996）；通过计算复地震道，获得瞬时振幅和瞬时频率属性；通过计算瞬时振幅与瞬时频率平方根的比值，获得甜面属性（Hart，2008）；通过对地震道进行频谱分析，获得优势频率属性。经过人工对比分析和 GA-BP 神经网络属性优化（王新，2012；Liu et al.，2011），发现 50 Hz、90 Hz 和甜面属性的组合有利于构造煤厚度的预测（图 4-5）。50 Hz、90 Hz 和甜面等地震属性不仅与构造煤厚度间具有一定的对应关系（非线性），而且这三种属性间基本互不相关，有利于 SVR 的预测。为了使训练数据具有广泛的代表性，利用随机函数，将理论数据随机划分为训练集（30 个样本元素）和测试集（68 个样本元素）。

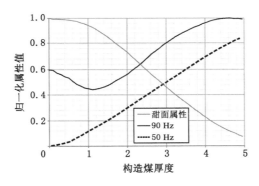

图 4-5　模型地震属性与构造煤厚度对应关系

4.2.2　关键参数优选

对于 SVR 预测模型来说，核函数类型和惩罚因子等参数对预测模型泛化能力的影响较大。为了克服实际采区钻孔数量较少的缺点，并保证实际数据的预测精度和可靠性，利用理论数据集优选核函数类型和惩罚因子等关键参数。

（1）核函数类型

SVR 与 SVM 类似，其核函数类型的选择缺少理论指导，只能通过试验确定。目前，SVR 核函数主要有线性、多项式、径向基和两层感知器等多种。为了优选出适合构造煤厚度预测的最佳核函数，利用正演模拟获得的理论数据集进行优选。在进行优选时采取以下措施：① 分别选取不同的核函数；② 将训练集输入 SVR 初始预测模型,并训练获得预测模型;③ 将测试集输入预测模型,预测测试集的构造煤厚度;④ 对比不同核函数所预测的构造煤厚度,选取预测精度最高的核函数为最佳核函数。

通过测试,获得如图 4-6 所示的构造煤厚度预测精度对比图。计算预测值与实际值间的均方误差和决定系数(相关系数的平方),发现径向基核函数的预测效果最好(均方误差为 0.009,决定系数为 0.986),两层感知器核函数的预测效果最差(均方误差为 6.186,决定系数为 0.016),线性核函数和多项式核函数的预测效果居中。因此,选用径向基核函数作为本次构造煤厚度预测模型的核函数。

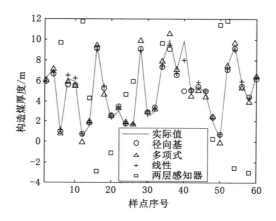

图 4-6　核函数类型对构造煤厚度预测精度的影响

(2)其他参数

对于径向基核函数来说,其惩罚因子 c 和方差 g 等参数是最重要的两个参数。为此,本次利用 K-CV 方法(Rodriguez et al.,2010)优选这两个参数。优选时,根据经验将 c 和 g 参数的变化范围设定为[−5,5],初始值变化步长设定为 0.5。通过调整 c 和 g 参数的变化范围(最小值和最大值),进行了 6 次测试,获得如图 4-7 所示参数优选图。在对最佳 c 参数和最佳 g 参数进行优选时,综合考虑决定系数和均方误差两个参数,将两者的最佳结果作为优选值。经过对比,发现测试"3"的决定系数较大、均方误差较小,认为测试"3"的效果最好,其所对应的最佳 c 参数和最佳 g 参数为优选值($c=0.13$,$g=0.13$)。

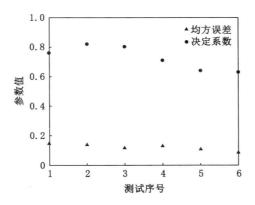

图 4-7　SVR 预测模型 c 和 g 参数优选图

4.3　构造煤分布预测实例

4.3.1　研究区概况

由于新景煤矿 15$^\#$ 煤层瓦斯含量高,煤系地层层滑构造特征明显,构造煤发育,极易发生煤与瓦斯突出事故。为此,选取新景煤矿某采区作为本次研究对象。研究区面积约为 3.5 km^2,三维地震数据体网格为 5 m×5 m,钻孔共有13 个。15$^\#$ 煤层厚度为 6.3~10.4 m,平均厚度为 8.0 m;构造煤位于 15$^\#$ 煤层的底部,具有明显的低电阻率和低密度特征,厚度小于 4.3 m,平均厚度为1.57 m;煤层埋深为 575.9~640.9 m,平均埋深 623.8 m(表 4-1)。由钻孔揭露的煤层厚度和构造煤厚度,插值生成煤层厚度分布图和构造煤厚度分布图[图 4-8(a)(b)],发现构造煤厚度与煤层厚度在本区呈负相关关系。通过对反射波层位时间进行时深转换,获得如图 4-8(c)所示的底板等高线图。发现所有揭露构造煤的钻孔,全部位于向斜构造内,并且向斜轴两侧的构造煤较厚。

表 4-1　15$^\#$ 煤层钻孔揭露信息及 SVR 构造煤厚度预测结果

序号	钻孔名	底板标高 /m	煤层厚度 /m	构造煤厚度 /m	预测厚度 /m	绝对误差 /m	备注
1	3-133	626.8	6.3	2.8	2.87	0.07	
2	3-137	669.3	7.1	3.0	2.89	0.11	
3	3-1381	587.2	6.3	4.3	4.56	0.26	

表 4-1(续)

序号	钻孔名	底板标高 /m	煤层厚度 /m	构造煤厚度 /m	预测厚度 /m	绝对误差 /m	备注
4	3-139	575.9	8.6	0.0	0.29	0.29	
5	3-144	643.3	10.4	0.6	0.76	0.16	
6	3-146	603.6	8.3	2.6	2.62	0.02	
7	3-147	597.5	9.6	0.0	0.14	0.14	
8	3-148	633.1	6.3	0.0	0.25	0.25	
9	3-157	634.9	8.5	2.4	2.3	0.10	
10	3-158	628.2	8.1	0.0	0.29	0.29	
11	3-51	640.9	7.8	2.0	2.93	0.93	验证孔
12	3-58	631.6	10.2	0.0	0.55	0.55	验证孔
13	3-59	637.6	6.5	3.0	2.91	0.08	验证孔
平均值		623.8	8.0	1.57	1.70	0.17	

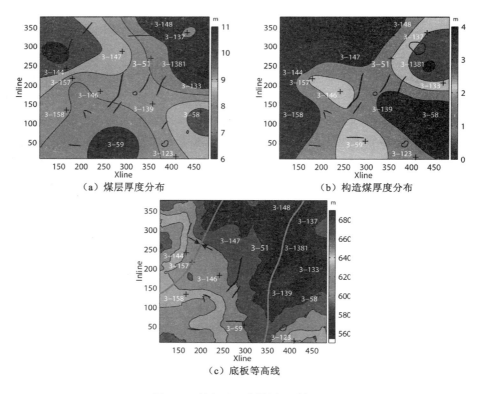

（a）煤层厚度分布　　　　　　　　（b）构造煤厚度分布

（c）底板等高线

图 4-8　研究区 15# 煤层地质概况

4.3.2　构造煤分布预测

根据正演模型数据的研究结论,提取区内 15# 煤层反射波的 50 Hz 谱分解、90 Hz 谱分解和甜面属性等地震属性,经规范化处理,获得如图 4-9(a)～(c) 所示的地震属性图。图中,"+"为钻孔,其上部标注为钻孔名,其下部标注为揭露的构造煤厚度;黑色线条为断层交面线或陷落柱边界,色标为属性值。为了防止直径较大陷落柱和低信噪比区域对预测结果的不利影响,预测时将这部分数据排除在外。

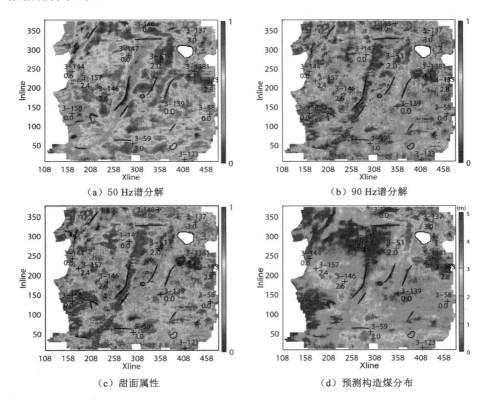

（a）50 Hz谱分解　　　　　　　　　（b）90 Hz谱分解

（c）甜面属性　　　　　　　　　（d）预测构造煤分布

图 4-9　15# 煤层地震属性及 SVM 预测构造煤分布

正演模型数据已揭示地震属性与构造煤厚度间具有一定的对应关系,为了分析这种对应性是否适用于实际数据,将钻孔旁地震道属性与实际构造煤厚度进行交会,获得图 4-10。将其与图 4-5 进行对比,发现两者的规律几乎完全一致,仅在属性值范围上有所差异。随着构造煤厚度的增大,甜面属性单值下降,50 Hz谱分解属性单值上升,90 Hz谱分解属性先下降、再上升。因此,基于模型数据优选的SVR关键参数可以用到实际地震属性数据的预测中。

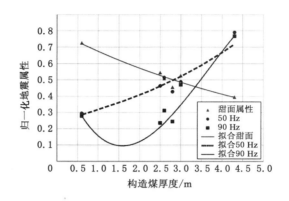

图 4-10 钻孔旁地震属性与构造煤厚度关系

根据正演模型数据所建立的预测模型,通过训练钻孔旁道数据,将三种地震属性映射到高维空间。通过选择适当的支持向量和拟合理想的超平面,获得精度较高的目标函数,实现采区构造煤厚度的定量预测。由于已知钻孔仅10个(其他3个作为验证孔),如果仅以此10个样本数据组成训练集,则训练样本数太少,很难保证预测模型的可靠性。为此,将钻孔附近较小范围内(25 m×25 m)的所有地震道数据作为训练集(2 500个样本),以提高训练集的样本数量。训练后,输入采区甜面、50 Hz谱分解和90 Hz谱分解等属性,获得如图4-9(d)所示的预测构造煤厚度。虽然预测分布[图4-9(d)]与插值分布[图4-8(b)]在细节上差别明显,但总体上,两者具有很高的一致性。构造煤主要分布在以钻孔3-1381、3-146和3-59为中心的3个独立区域。

为了检验构造煤厚度的预测精度,提取所有钻孔点处的预测厚度,将其与实际厚度进行对比,并计算绝对误差(表4-1)。对于10个钻孔控制点来说,其预测值与实际值的绝对误差较小(最小绝对误差为0.02 m,最大绝对误差为0.29 m,平均绝对误差为0.17 m)。由于利用SVR预测时,预测模型的主要参数已经过正演模型数据的测试,没有出现过拟合问题。因此,钻孔控制点处的较高预测精度,部分体现了本次较理想的预测效果。对于3个验证钻孔来说,其预测精度较控制点略低(最小绝对误差为0.08 m,最大绝对误差为0.93 m,平均绝对误差为0.52 m),主要受钻孔3-51的影响。考虑到煤矿生产的实际要求,本次预测精度基本能满足煤矿安全生产的要求。

另一方面,由于实际地震属性受原始数据信噪比等因素的影响,特定属性值并不和特定厚度的构造煤一一对应,仅对应一定厚度范围的构造煤(见图4-10)。对于 SVR 预测模型来说,其通过拟合超平面实现预测,并不考虑这种不确定性。因此,预测时并不能克服这种不确定性的影响,从而造成部分预测点误差较大(如钻孔 3-51)。

4.4 小结

本章利用地震属性和 SVM,构建了基于 SVM 的构造煤厚度的定量预测模型。通过正演模型数据和实际采区数据的定量预测,获得了如下几点结论:

(1)虽然三种地震属性(50 Hz 谱分解、90 Hz 谱分解和甜面属性)和构造煤厚度间的关系非线性,但它们随构造煤厚度的变化具有一定的互补性,其组合有利于构造煤厚度分布预测。

(2)通过正演模型数据的训练和测试,发现选用径向基核函数时,预测模型的预测效果最好。此时,最佳的 C 参数和 g 参数的值均为 0.13。

(3)通过对正演模型数据和实际数据的构造煤厚度预测,发现将 SVR 和地震属性相结合可以定量预测采区构造煤厚度。

(4)对于本次所给出的构造煤厚度定量预测模型来说,虽然其预测精度和可靠性较高,但由于受原始数据信噪比的影响,预测结果仍然具有一定的不确定性。对于这一不确定性,需在将来的研究中进行定量评估。

5 基于极限学习机的构造煤分布预测方法

5.1 基本原理

5.1.1 极限学习机

传统的 ELM 是一个三层前馈神经网络,与传统的 BP 算法最大的不同是,极限学习机输入层与隐含层连接权值和隐含层阈值是随机给定的,因此极限学习机的训练过程不是一种基于梯度下降方式,整个求解过程不需要计算输入权值和隐含层阈值,而隐含层与输出层之间连接权值的计算是通过求解一个矩阵的广义逆矩阵得到的(张海霞,2017)。图 5-1 所示为极限学习机的网络结构图。

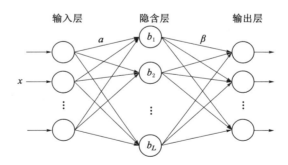

图 5-1 极限学习机网络结构

若采用 (a,b) 表示输入权值和隐含层阈值,样本的训练集用 (x,t) 表示,样本个数为 N,隐含层激活函数为 $g(x)$,输出权重为 β,隐含层节点数为 L,输出节点数为 M,则极限学习机模型可表示为

$$O_i = \| \sum_{i=1}^{L} \left[\beta_i g\left(a_i, b_i, x\right) \right] - t \| \tag{5-1}$$

令隐含层输出矩阵为 $\boldsymbol{H}$，则

$$\boldsymbol{H} = \begin{bmatrix} g\left(a_1, b_1, x_1\right) & g\left(a_2, b_2, x_1\right) & \cdots & g\left(a_L, b_L, x_1\right) \\ g\left(a_1, b_1, x_2\right) & g\left(a_2, b_2, x_2\right) & \cdots & g\left(a_L, b_L, x_2\right) \\ \vdots & \vdots & & \vdots \\ g\left(a_1, b_1, x_N\right) & g\left(a_2, b_2, x_N\right) & \cdots & g\left(a_L, b_L, x_N\right) \end{bmatrix}_{N \times L} \tag{5-2}$$

则式(5-1)可转化为

$$\boldsymbol{O} = \| \boldsymbol{H\beta} - \boldsymbol{T} \| \tag{5-3}$$

其中，

$$\begin{cases} \boldsymbol{\beta} = \begin{bmatrix} \boldsymbol{\beta}_1^{\mathrm{T}} \\ \vdots \\ \boldsymbol{\beta}_L^{\mathrm{T}} \end{bmatrix}_{L \times M}^{\mathrm{T}} \\ \boldsymbol{T} = \begin{bmatrix} \boldsymbol{t}_1^{\mathrm{T}} \\ \vdots \\ \boldsymbol{t}_N^{\mathrm{T}} \end{bmatrix}_{N \times M}^{\mathrm{T}} \end{cases} \tag{5-4}$$

极限学习机不断学习的过程中，误差 $\boldsymbol{O}$ 不断减小，当无误差学习时 $\boldsymbol{H\beta} = \boldsymbol{T}$。隐含层节点数和样本数相等时，$\boldsymbol{H}$ 为非奇异矩阵，$\boldsymbol{\beta}$ 可由 $\boldsymbol{H}$ 的逆矩阵求出，但一般隐含层节点数要远小于样本数，$\boldsymbol{H}$ 不存在逆矩阵。此时广义逆矩阵可以用于求解奇异矩阵的逆

$$\boldsymbol{\beta} = \boldsymbol{H}^+ \boldsymbol{T} \tag{5-5}$$

式中，$\boldsymbol{H}^+$ 表示隐含层输出矩阵的 Moore-Penrose 广义逆矩阵，简称为伪逆。

因此，极限学习机的学习过程可以总结为以下三点：

（1）随机给定输入权值和隐含层阈值；

（2）根据训练数据的输入和隐含层的激活函数计算隐含层的输出矩阵 $\boldsymbol{H}$；

（3）根据公式(5-5)计算网络输出权值 $\boldsymbol{\beta}$。

5.1.2 核函数

核函数方法的原理是通过一个特征映射，将低维输入样本空间中的线性不可分数据映射到高维特征空间中，从而使得不可分问题变成高维空间的线性可分问题。这种对应关系不仅使待解决的问题变得线性可分，同时又避免了高维空间可能带来的维数灾难[85]。

设 $x,z \in X,X$ 属于 $R(n)$ 空间,非线性函数 Φ 实现从输入空间 X 到特征空间 F 的映射,其中 F 属于 $R(m),n \ll m$。根据核函数理论

$$K(x,z) = <\Phi(x),\Phi(z)> \tag{5-6}$$

式中,$<\Phi(x),\Phi(z)>$ 为内积,$K(x,z)$ 为核函数。

从式(4-1)可得,核函数将 m 维空间的内积转化为 n 维输入空间中的核函数,从而解决了在高维特征空间中维数灾难的问题。传统构造核函数是以 Mercer 定理为基础。

定理 5.1(Mercer 定理) 对于任意的对称函数 $K(x_i,x_j)$,对于任意的 $\phi(x) \neq 0$ 且 $\int \phi(x)\mathrm{d}x < \infty$,有 $\iint K(x_i,x_j)\phi(x_i)\phi(x_j)\mathrm{d}x_i\mathrm{d}x_j \geqslant 0$,则称该核函数是某个特征空间中的内积。

满足 Mercer 条件的函数均可以作为极限学习机的核函数。目前使用较多的核函数主要有 4 类。

(1)高斯核函数

$$K(x,x_i) = \exp[- \parallel x - x_i \parallel^2 / (2\sigma^2)] \tag{5-7}$$

(2)多项式核函数

$$K(x,x_i) = [m(x \cdot x_i) + n]^d, d = 1,2,\cdots,N \tag{5-8}$$

(3)感知器核函数

$$K(x,x_i) = \tanh[\beta(x \cdot x_i) + b] \tag{5-9}$$

(4)线性核函数

$$K(x,x_i) = x \cdot x_i \tag{5-10}$$

此外,将简单核函数构造成复杂混合核函数仍然满足 Mercer 定理对核函数的要求(崔清亮 等,2013)。

5.1.3 混合核极限学习机

极限学习机的核函数按照对数据的影响可以分为两大类,局部型核函数和全局型核函数,局部型核函数学习能力强,但泛化性能相对弱;全局型核函数学习能力一般,但泛化性能强。将局部核和全局核混合而成的混合核函数具备较强的学习能力,同时又有良好的泛化能力(任阳晖,2017)。

通常将局部的高斯径向基函数与全局的多项式核函数混合生成混合核构建的混合核极限学习机模型既有较强的学习能力,又具备不错的泛化性能,因此本书在此基础上构建构造煤厚度预测模型。线性核函数是原输入空间中

任意两个样本之间的内积,它也是原始输入空间中的恒等映射。但如果原输入空间中样本线性不可分,那么通过线性核函数之后也线性不可分。研究显示三维地震属性与构造煤厚度之间存在明显的非线性关系,也就是说预测构造煤厚度需要可以处理非线性问题的模型;多项式核函数是一个全局核函数,多项式核函数可以使相离很远的数据点对其产生影响,具有良好的泛化性能,但局部性能较差,通过参数 d 影响核函数的映射能力,d 越大,映射的维数越高,学习能力越强,反之学习越弱。感知器核函数源自神经网络,只有当 β 和 b 的值选取适当时,该核函数才满足条件,因此,在实际应用中常受到限制;高斯径向基核函数是一个局部核函数,只受相离较近样本点的影响,局部学习能力较强,但全局泛化性能较差,参数 σ 影响其泛化性能,且随 σ 的增加而减弱。本书将局部性质的高斯径向基核函数与全局性质的多项式核函数组合成为混合核,混合核具备了全局核函数较强的泛化能力,同时具备了局部核函数优秀的学习能力(李军 等,2016)。

高斯径向基核函数具有较强的学习能力,能够很容易地将训练样本在特征空间中线性分开,并能够对相距一定范围内的样本进行准确预测,但对超过一定范围的样本则无法准确预测。

如图 5-2 所示,以 $X=0.4$ 为测试点,σ 分别取为 0.1、0.2、0.3、0.4。局部核函数具有的局部特性体现在核函数对测试点附近的值产生较强的影响,而且距离测试点越近影响越大。由此可知,局部核函数的自我学习能力较强,但缺点是其泛化能力相对较弱。

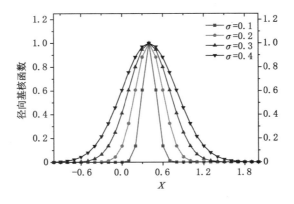

图 5-2　径向基核函数曲线

多项式核函数具有较强的泛化能力,对全局数据都能产生较强的影响,但对局部样本的自我学习能力较弱。

如图 5-3 所示,以 $X=0.4$ 为测试点,$m=1,n=1,d$ 分别取为 1、2、3、4。全局核函数的特性则体现在与测试点相距较远的点,同样可以对函数值产生一定的影响,该核函数具有较强的泛化能力,但全局核函数与局部核函数在学习能力上较弱。

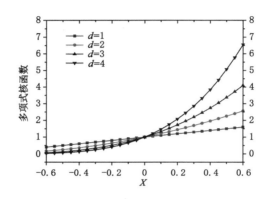

图 5-3　多项式核函数曲线

将多项式核函数与径向基核函数结合,得到混合核函数:

$$K(x_i,x_j) = \lambda\left[m(x_i,x_j)+n\right]^d + (1-\lambda)\exp\left(-\frac{\parallel x_i - x_j \parallel^2}{2\sigma^2}\right) \quad (5\text{-}11)$$

混合核函数已经被运用于多个领域,根据 Mercer 定理的推论可知,满足 Mercer 定理的核函数之间进行线性组合得到的函数也是核函数。

如图 5-4 所示,以 $X=0.4$ 为测试点,λ 分别取为 0.2、0.3、0.4、0.5。σ 取值为 0.1,d 取值为 2。由图 5-3 可以看出,混合核函数不仅对测试点附近的样本点有较强的影响,从而具有较强的学习能力,并且当样本点离测试点较远时,测试点仍能对样本点产生较强的影响,因此又具有较强的泛化性能。混合核函数吸收了多项式核函数和高斯径向基核函数的全局特性和局部特性,有效地弥补了单核核函数无法兼顾全局和局部的缺点,从而可以较为明显地提高模型的拟合能力。

此外,为了防止模型复杂度过高引起过拟合现象,在核函数的基础上加入 L2 正则项,有效地避免了噪声和异常点对模型泛化性能的影响。

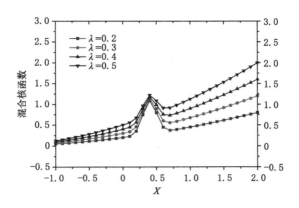

图 5-4　混合核函数曲线

5.2　模型建立

为了研究 ELM 在煤矿采区的构造煤分布预测的可行性,本节利用合成地震剖面的地震属性数据建立 ELM 预测模型。

5.2.1　测试数据准备

生成合成地震数据需要 3 步。首先,我们建立了如图 5-5(a)所示的构造煤模型。其中,煤层最薄处为 0 m,最厚处为 10 m;原生煤最薄处为 0 m,最厚处也为 10 m;直接顶/底是厚度为 2 m 的泥岩,基本顶/底为砂岩。选用主频为 50 Hz 的 Ricker 子波进行正演模拟,获得其对应的正演地震剖面如图 5-5(b)所示。如图 5-5 所示的构造煤模型正演地震剖面,分别提取正相位和负相位地震属性(200 道),分析煤层构造煤厚度对地震属性的影响。

部分地震属性之间线性不相关,并且与构造煤厚度呈非线性关系,如图 5-6 所示。这些地震属性能直接预测构造煤的厚度。然而,其他的地震属性之间线性相关,不能直接用来预测构造煤的厚度。为了克服地震属性之间的相关性,最大程度优选出最佳地震属性组合预测构造煤厚度分布,我们使用主成分分析(PCA)算法将其转换为 11 个线性不相关的 PCA 属性。为了避免因为输入地震属性数值范围差别较大而造成网络预测误差较大,对地震数据进行最大最小归一化处理,把所有输入地震属性数据都转化到[0,1]。因此,整个测试数据集

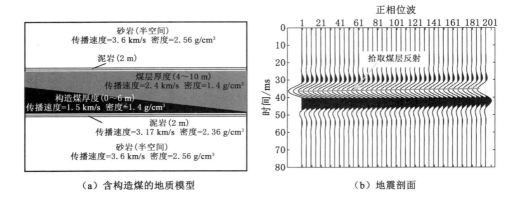

（a）含构造煤的地质模型　　　　　　　　（b）地震剖面

图 5-5　煤层理论模型及正演地震剖面

具有 200 道地震数据，每个地震道有 11 个 PCA 属性。

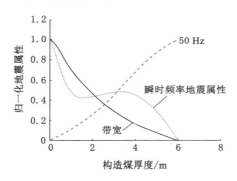

图 5-6　模型地震属性和构造煤厚度关系

5.2.2　关键参数优选

ELM 模型的预测性能取决于隐含节点的数量和激活函数的类型。隐含节点的个数和激活函数的不同组合会直接影响预测结果。为了建立初始 ELM 预测模型，我们使用上述的 11 个 PCA 属性测试隐含节点的个数和激活函数。首先，我们将 200 个地震道随机分为训练数据集（100 个地震道）和测试数据集（100 个地震道）。由于真实的地震数据一定存在噪声，因此训练数据集和测试数据集都添加了 20% 的随机噪声。其次，我们分别评估激活函数和隐含节点的不同组合，如图 5-7 所示。通过评估，我们选择 Sigmoid 函数作为初始 ELM 预测模型的激活函数。

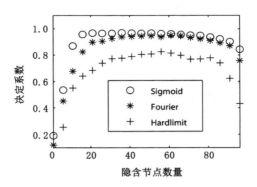

图 5-7　隐含节点和核函数参数测试

5.2.3　噪声对模型参数的影响

真实的地震数据一定存在噪声，因此本次建立 ELM 模型时研究了噪声对预测结果和训练集的影响。首先，我们从 200 道地震数据集中随机选择训练集和测试集。测试集有 100 道地震数据，训练集的集合大小会有所不同，我们从整个数据集中随机选择 20～140 道数据形成训练集。然后，我们将 20% 和 50% 的随机噪声添加到训练集和测试集，训练了初始 ELM 模型，并使用测试数据集验证该模型的可靠性。

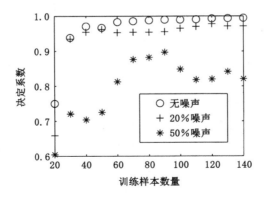

图 5-8　噪声测试

测试结果表明，噪声和训练集的大小对构造煤厚度预测有很大的相关性，如图 5-8 所示。对于无噪声的数据和 20% 噪声的数据,60 道的地震属性数据集可以预测可靠的构造煤厚度。相反,如果数据集包含 50% 的随机噪声,则很难生成可靠的构造煤厚度预测结果。因此,地震属性的信噪比是构造煤厚度预测的关键因素。

5.3　构造煤分布预测实例

5.3.1　交叉验证

前面通过使用合成地震数据验证了 ELM 模型预测构造煤厚度分布的可行性,但仍然不足以证明 ELM 模型具备对实际矿区的地震数据预测构造煤厚度分布的可靠性,这是因为合成地震数据和实际矿区的地震数据的信噪比、频率、相位、带宽等都有所不同。此外,研究区域内 15# 煤层构造煤的厚度随侧向位置而变化,而用于合成地震数据的煤层厚度是不变的(10 m)。因此,我们使用矿区钻孔附近的实际地震数据来评估 ELM 预测模型的适用性。我们已掌握矿区钻孔旁边真实的构造煤厚度和地震属性数据,采用的评估方法是经典的交叉验证。

研究区域有 10 个钻孔的数据。因为三维地震数据体网格为 5 m×5 m,每个钻孔在地理上将与一条地震道重合。如果仅以此 10 个样本数据组成训练集,则训练样本数太少,很难保证预测模型的可靠性。为此,我们假设钻孔附近地质在横向上是静止的,如果其地理位置位于钻孔附近 10 m 内(每个钻孔有 25 个地震道),则将其视为近钻孔地震道。这些钻孔附近地震道的构造煤厚度设置为钻孔的构造煤厚度。因此,我们获得了 250 道地震数据交叉验证 ELM 预测模型。

为了验证 ELM 预测模型在真实矿区地震数据上的可靠性,我们把 250 道地震属性数据构建训练集和测试集。首先,我们使用 PCA 将 11 个地震属性转化成 11 个线性不相关的 PCA 属性。PCA 属性将根据其重要性进行排序,如 PCA1(43.9%),PCA2(31.3%),PCA3(20.4%),PCA4(2.9%),PCA5(0.75%)……PCA11(4.3E−5%)。然后,使用这些线性不相关的 PCA 属性构建 ELM 预测模型的训练数据集和测试数据集。训练数据集包括随机选择的 8 个钻孔的 200 道近钻孔数据集。测试数据集为从剩余的 2 个钻孔中抽取的 50 道近钻孔数据集。合成地震数据中,我们选择 Sigmoid 函数、Fourier 函数和 Hardlimit

函数作为激活函数去训练 ELM 预测模型,结果显示 Sigmoid 函数预测精度最高。因此,对于实际矿区的地震数据,我们选择 Sigmoid 函数作为激活函数。我们计算了实际的构造煤厚度和预测的构造煤厚度的决定系数来评估预测模型。最后,我们重复交叉验证实验 20 次,在图 5-9 中绘制出相应的决定系数。实验结果表明,决定系数相对较大,预测精度相对较高。可见,ELM 模型能够预测研究区 15# 煤层的构造煤厚度。

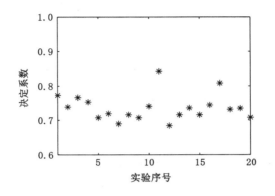

图 5-9　交叉验证实验结果

（1）PCA 地震属性优选

由于地震属性的组合会影响预测模型的预测结果,因此我们使用实际矿区数据对地震属性组合优选。所采用的数据集为实际矿区 10 个钻孔的 250 道近井数据,优选的地震属性是 11 个 PCA 属性。训练集是从实际矿区随机抽取 8 个钻孔数据,测试集是剩余 2 个钻孔的数据。我们测试了所有 2 047 种可能的 PCA 属性组合,试验结果如图 5-10 所示。

如图 5-10（a）所示,对于每一个单独的 PCA 属性,不同的属性预测构造煤厚度的决定系数都不相同。一些属性预测构造煤厚度的决定系数很高,另外一些属性的决定系数则很低。在这组实验里,PCA3 的决定系数最高有 0.95,PCA11 的决定系数最低。

和每个单独的 PCA 属性类似,如图 5-10（b）所示,组合的地震属性预测构造煤厚度的决定系数有很大的变化。一般来说,决定系数会随着属性组合数量的增加而降低。然而,最佳的 PCA 组合属性不符合这个趋势。PCA1 和 PCA3 的地震属性组合预测构造煤厚度的决定系数最大是 0.96。因此,我们采用 PCA1 和 PCA3 的地震属性组合预测研究区域的构造煤厚度。

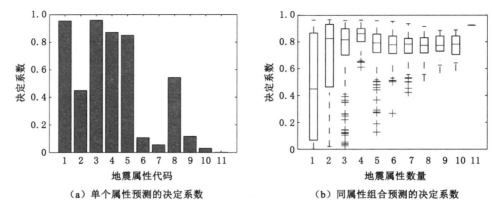

（a）单个属性预测的决定系数　　　　（b）同属性组合预测的决定系数

图 5-10　不同的 PCA 属性组合预测的决定系数

（2）隐含节点选择

隐含节点的数量选择对极限学习机的所有应用领域都存在这个问题。因此隐含节点的数量容易引起过拟合或者欠拟合（Wang et al.，2015）。我们通过实验研究了 ELM 模型中隐含节点的数量对预测精度的影响。Sigmiod 函数作为实验激活函数，选择 PCA1 和 PCA3 的属性组合作为输入。总共 250 条近地震道数据，我们随机选择 125 条近地震道数据作为训练集，剩下的 125 条作为测试集。对于每一个隐含节点，我们重复训练和预测 20 次，并取它们的均方误差和决定系数的平均值。实验结果如图 5-11 所示。如果隐含节点的数量设置为 10，实验得到最佳结果。因此，我们将隐含节点数设置为 10，以预测研究区域的构造煤厚度。

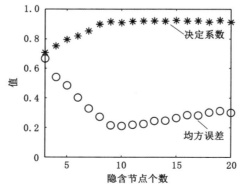

图 5-11　决定系数和均方误差随隐含节点数的变化图

5.3.2 构造煤分布预测

通过构建初始的 ELM 模型,交叉验证了近钻孔的地震道数据和参数优选,如果训练集足够大并且信噪比比较高,该模型能够比较精确地预测构造煤厚度。因此,我们使用 10 个钻孔的近钻孔 250 个地震道数据去训练初始的 ELM 预测模型;然后,使用 PCA1、PCA3 地震属性数据输入训练好的模型,通过模型预测研究区整个 15# 煤层的构造煤的厚度分布,如图 5-12(a)(b)所示。

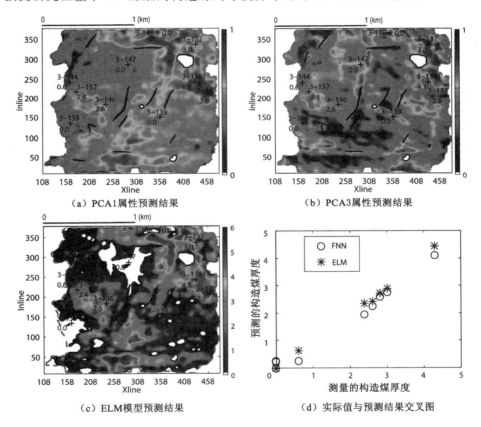

（a）PCA1属性预测结果 　　　　　（b）PCA3属性预测结果

（c）ELM模型预测结果 　　　　　（d）实际值与预测结果交叉图

图 5-12　构造煤厚度分布预测结果

备注:"+"符号表示钻孔的位置,其附近的标签为钻孔名和测量到的构造煤的厚度。黑色线是断层轨迹。

为了克服随机分配的输入权重和偏差的影响,我们重复实验多次,并记录了 20 次的预测结果作为模型的初试输出结果。我们选择的标准是近钻孔的决定系数。如果决定系数大于 0.85，我们就记录模型的预测结果。然后，我们使用记录的预测结果的均值作为研究区 15# 煤层的最终构造煤厚度预测值，如图 5-12(c) 所示。通常，研究区的大部分区域没有构造煤或者只有薄构造煤。大部分厚构造煤或者中等厚度的构造煤位于研究区的右上角，一些位于左侧中间区域和中间区域的下方。最厚的构造煤分布在两个主要背斜中，避免出现断层。这种现象与煤田开采过程中的地质观测结果一致。另外，我们比较了实际研究区的 ELM 模型预测钻孔的结果与 FNN 模型（Wang et al.，2014）预测钻孔的结果，如表 5-1 所示，用来比较两种不同模型预测的精度。作为经典的 FNN 模型，T-S 模型用于该研究区域的构造煤厚度预测。输入 FNN 模型的是两种优选的地震属性，即 90 Hz 谱分解和甜面体属性。通过交叉验证，我们发现高斯函数是最佳的激活函数，隶属度函数个数为 9 是构造煤厚度预测的最优参数（Wang et al.，2014）。构造煤厚度预测结果不可能是负值，因此，ELM 预测模型和 FNN 预测模型构造煤厚度预测结果在 0 以下的全部用 0 代替。如图 5-12(d) 和表 5-1 所示，每个钻孔的预测结果显示 ELM 模型预测的绝对误差比 FNN 模型的要小。因此，ELM 模型预测构造煤厚度分布比 FNN 模型预测精度要高。

表 5-1 构造煤厚度预测精度比较表

序号	钻孔	测井厚度/m	FNN		PCA1	PCA3	ELM	
			预测厚度/m	绝对误差/m			预测厚度/m	绝对误差/m
1	3-133	2.80	2.59	0.21	0.60	0.27	2.73	0.07
2	3-137	3.00	2.74	0.26	0.60	0.85	2.90	0.10
3	3-1381	4.30	4.09	0.21	0.79	0.43	4.43	0.13
4	3-139	0.00	0.22	0.22	0.46	0.74	0.00	0.00
5	3-144	0.60	0.26	0.34	0.32	0.32	0.62	0.02
6	3-146	2.60	2.26	0.34	0.56	0.46	2.40	0.20
7	3-147	0.00	0.00	0.00	0.46	0.54	0.00	0.00
8	3-148	0.00	0.27	0.27	0.42	0.69	0.00	0.00
9	3-157	2.40	1.94	0.46	0.54	0.52	2.36	0.04
10	3-158	0.00	0.00	0.00	0.42	0.26	0.00	0.00
	均值	1.57	1.44	0.23	0.52	0.51	1.54	0.06

5.3.3　钻孔数据对构造煤分布预测的影响

　　ELM 预测模型随着训练井数据的不同,预测结果会发生变化。因此,为了说明真实地震属性数据对 ELM 模型的影响,我们进行了另外 6 组实验。**数据集使用的是近钻孔的 250 道地震数据。激活函数采用的是交叉验证效果最好的 Sigmoid 函数。首先,随机选择 10 个钻孔中的 7 个,使用这 7 个钻孔的 175 道近钻孔地震数据作为训练数据集;然后,选择剩余 3 个钻孔的 75 道近钻孔地震数据作为测试数据集。使用训练数据集训练 ELM 预测模型,使用测试数据集验证 ELM 模型的预测效果。为了避免随机选取钻孔的偶然性,重复交叉验证实验 20 次。与此同时,记录了 20 次决定系数的均值和 20 次均方误差的均值。最后,逐渐将训练钻孔的数据集变成测试数据集,重复上述的步骤。最后的结果如图 5-13 所示。

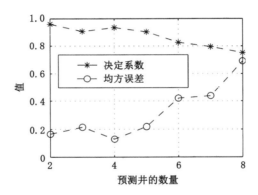

图 5-13　决定系数和均方误差变化图

　　一般来说,如果训练数据集包括 6 个钻孔或更多钻孔(测试数据集包括 4 个钻孔或更少的钻孔),则确定系数和均方误差对训练数据集变化不敏感。决定系数大于 0.9 并且均方误差小于 0.2。如果训练数据集为 8 个钻孔(测试数据集为 2 个钻孔),决定系数达到最大值 0.96。如果训练数据集为 6 个钻孔(测试数据集为 4 个钻孔),均方误差达到最小值 0.13。由于训练数据集和测试数据集中包含的钻孔是随机选择的,不需要过度解释在这个范围内确定系数和均方误差存在的小偏差。然而,如果训练数据集包含 5 个钻孔或更少的钻孔,确定系数和均方误差将分别逐渐减小或增加。因此,如果测试数据集包括本研究区域的 6 个或以上钻孔,预测结果是可靠和准确的。

5.4 基于混合核极限学习机的构造煤厚度预测方法

5.4.1 粒子群算法优化混合核极限学习机模型算法流程

混合核极限学习机结合了局部核和全局核的优点,使得极限学习机兼具了较为优秀的学习能力和泛化能力。由式(5-11)可知,混合核函数具有多个可调的输入参数,其中,参数 σ、m、n、λ、d 均需要初始化值的大小。为了构建良好性能的混合核极限学习机模型,选择较为合理的参数是首要解决的问题。利用改进的粒子群算法对混合核极限学习机参数进行寻优,可以选择表现良好的参数来构建构造煤厚度预测模型。

改进粒子群算法优化混合核极限学习机参数的算法具体过程如下:

(1) 数据标准化,进行主成分分析处理,保存结果集备用;

(2) 将 σ、m、n、λ 设为粒子($d=2$),随机初始化粒子的位置和速度;

(3) 计算训练集隐含层节点的输出,并加入 L2 正则项;

(4) 计算隐含层输出权值矩阵;

(5) 计算验证集隐含层节点的输出,并根据隐含层节点输出计算得到测试集的预测值;

(6) 将均方误差 mse 作为粒子适应度,计算个体极值和种群极值;

(7) 根据更新公式更新粒子位置和速度;

(8) 根据变异概率进行粒子变异;

(9) 计算更新后粒子的适应度,更新个体极值和种群极值,若未满足最大迭代次数,返回(7),否则(10);

(10) 保存种群最优适应度对应的粒子,即最佳混合核函数参数,将参数代入混合核极限学习机模型,获得预测构造煤厚度的预测模型,并用测试集进行测试。

由于混合核极限学习机参数较多,用传统的粒子群算法优化混合核极限学习机无法找出最优参数下的预测模型,而加入随迭代次数逐渐减小的惯性权重和自适应的加速度因子、模拟退火思想以及基于反向学习的变异公式,使得粒子群算法在寻优能力和收敛速度上都有了改善。相比传统极限学习机激活函数的显示映射,混合核函数在较优的参数下,兼顾了数据的局部性和全局性,既具有较强的学习能力,又具有较好的泛化性能。因此,通过改进粒子群算法寻找到最优的核函数参数,获得最优核参数下的混合核极限学习机模型,理论上可以作为预测构造煤厚度的预测模型。

　　构建粒子群优化混合核极限学习机的构造煤厚度预测模型的一般步骤如图 5-14 所示。

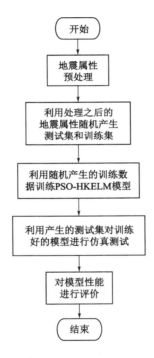

图 5-14　构造煤厚度预测建模过程

　　在构建利用粒子群算法优化混合核极限学习机的构造煤厚度预测模型前,需要对数据进行预处理。首先,数据预处理运用中值滤波数据进行非线性平滑,除去噪声的影响,此外预处理主要运用的是主成分分析技术。三维地震属性的特点为数据维数较高,且各维属性具有一定的相关性,因此在建立构造煤厚度预测模型之前需要对数据进行降维去相关处理。主成分分析是一种数据降维的方法,其降维的基本原理是对多个变量进行线性变换,在线性变换后的数据中选取较少个数的不相关维度,这些少数具有不相关性质的维度叫作主成分。主成分分析的一般步骤为:

（1）分别求出各维度的均值。

（2）对于所有样本,减去其对应维度上的均值。

（3）求特征协方差矩阵。

（4）求协方差的特征值和特征向量。

（5）将运算得到的特征值依照从大到小的次序排序,选择其中最大的 k 个作为主成分,将与特征值对应的 k 个特征向量组成特征向量矩阵。

（6）将样本点投影至特征向量的维度。设样本数为 m,特征数为 n,样本矩阵为 $\boldsymbol{D}_{m \times n}$,协方差矩阵为 $\boldsymbol{V}_{n \times n}$,选取的 k 个特征向量组成的矩阵为 $\boldsymbol{E}_{n \times k}$。那么投影后的数据 $\boldsymbol{F}$ 为

$$\boldsymbol{F}_{m \times k} = \boldsymbol{D}_{m \times n} \times \boldsymbol{E}_{n \times k} \tag{5-12}$$

利用上述建立的模型,以所提取出的负相位地震属性为例,分别进行有噪声与无噪声数据测试。地震属性维数较大,为去除属性中的相关属性,实验使用主成分分析对地震属性进行降维去噪,取累计贡献率大于95%的主成分并求其主成分得分作为实验数据进行后续的实验分析。

为了使预测结果有说服力,将预处理之后的数据随机分为两部分,其中训练集占整个数据集的2/3,测试集占整个数据集的1/3。训练数据用作训练模型,测试数据用来预测验证仿真。最终根据测试集的仿真结果评价模型性能的优劣,评价指标主要设置为预测结果的均方误差 MSE 以及拟合系数 R^2,其中均方误差越接近0,表明模型的预测误差越小,预测精度越高;拟合系数越接近1,表明预测结果和真实值相关性越强,模型拟合效果越好。

5.4.2　模型测试

使用5.2.1节构建的构造煤的煤层模型进行测试。改进粒子群算法中,最大迭代次数 MAXGEN＝300,种群粒子数 SIZEPOP＝20,模拟退火算法初始温度 T＝1 000,退火常数 L＝0.25,分别选取模拟数据中无噪声数据和含噪声数据进行实验。此外,为了探究改进 PSO-HKELM 模型预测性能,将改进后的模型与传统的 BP 神经网络和用 K 折交叉验证方法优化参数的 SVM 进行预测结果对比。其中 BP 神经网络隐含层节点数根据公式计算得到

$$k = n + 0.618(n - m) \tag{5-13}$$

式中,k 为隐含层节点数,n 为输入节点数,m 为输出节点数。

BP 神经网络的输入层和隐含层、隐含层和输出层之间的传递函数分别选择 tansig 和 logsig 函数,最大训练次数设为3 000,学习速率设为0.1,动量因子设为0.9,期望误差设为 10^{-3},性能函数采用均方误差函数 MSE。

使用 Libsvm 工具箱建立 SVM 预测模型,交叉验证数 $-v$ 设置为5,参数 c

和参数 g 由 5 折交叉验证得出,其中搜索空间为 $[-30,30]$,步长设为 0.5,核函数类型 $-t$ 设置为 2,即采用 RBF 函数作为核函数,支持向量机的类型 $-s$ 设置为 3,即使用 εSVR 类型,εSVR 中损失值 ε 设置为 0.1。

无噪声正相位数据通过 PCA 处理进行属性降维,获得 6 个线性不相关属性;无噪声负相位数据通过 PCA 处理进行属性降维,获得 5 个线性不相关属性;含有噪声正相位数据通过 PCA 处理进行属性降维,获得 6 个线性不相关属性;含有噪声正相位数据通过 PCA 处理进行属性降维,获得 5 个线性不相关属性。将这 4 种数据集分别随机抽取其 70% 作为训练集,剩余 30% 作为测试集,测试改进的 PSO-HKELM 模型。预测结果如图 5-15 和图 5-16 所示。

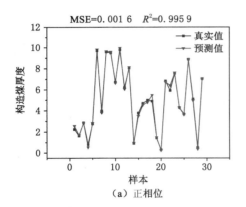
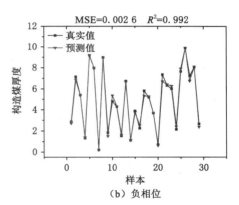

图 5-15 等距特征映射处理模拟无噪声数据预测结果

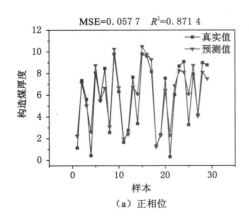
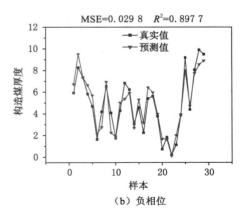

图 5-16 等距特征映射处理模拟含噪声数据预测结果

运用等距特征映射处理无噪声地震属性的预测结果显示,模型具有很好的拟合效果,正相位拟合度可以达到 0.995 9,均方误差为 0.001 6,而负相位拟合度达到 0.992,均方误差为 0.002 6。

由图 5-16 可知,运用等距特征映射处理含噪声正相位拟合度为 0.871 4、均方误差为 0.057 7,含噪声负相位的拟合度为 0.897 7、均方误差为 0.029 8,预测结果在正负相位上均比无噪声的数据差。

运用拉普拉斯特征映射处理无噪声地震属性的预测结果(图 5-17)显示,模型有较好的拟合效果,正相位拟合度可以达到 0.984 6、均方误差为 0.005 6,而负相位拟合度达到 0.983 7、均方误差为 0.004 8。

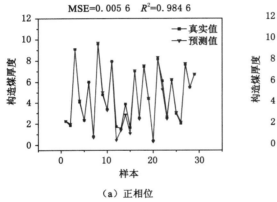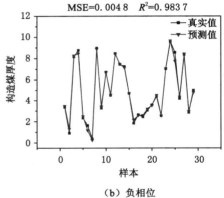

图 5-17　拉普拉斯特征映射处理模拟无噪声数据预测结果

由图 5-18 可知,运用拉普拉斯特征映射处理含噪声正相位拟合度为 0.813 6、均方误差为 0.069 0,含噪声负相位的拟合度为 0.833 5、均方误差为 0.049 4。可见,在含噪声数据下模型预测结果要差。

无噪声地震属性的预测结果(图 5-19)显示,改进 PSO-HKELM 模型有很好的拟合效果,正相位拟合度可以达到 0.989 0、均方误差为 0.004 197 1,而负相位拟合度达到 0.997 23、均方误差为 0.000 998 71。

由图 5-20 可知,含噪声正相位拟合度为 0.934 3、均方误差为 0.018 4,含噪声负相位的拟合度为 0.929 3、均方误差为 0.019 5,预测结果在正负相位上均比无噪声的数据差,但在噪声数据的影响下,同样体现了较好的拟合效果。

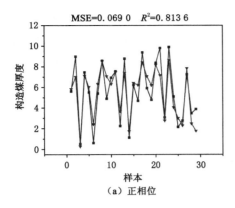
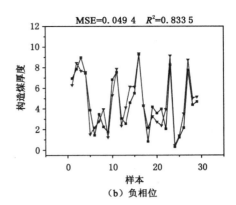

（a）正相位　　　　　　　　　　　（b）负相位

图 5-18　拉普拉斯特征映射处理模拟含噪声数据预测结果

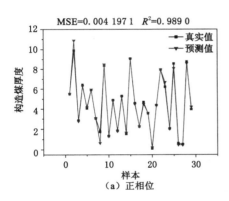
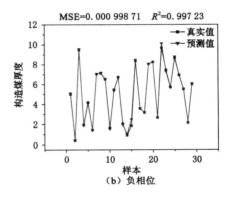

（a）正相位　　　　　　　　　　　（b）负相位

图 5-19　主成分分析处理模拟无噪声数据预测结果

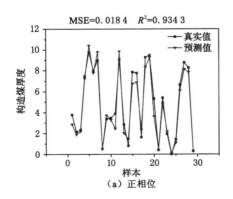
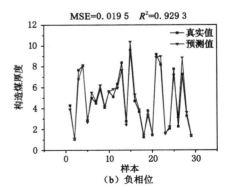

（a）正相位　　　　　　　　　　　（b）负相位

图 5-20　主成分分析处理模拟含噪声数据预测结果

　　以上实验结果中,在没有噪声的数据集中,3 种数据降维方法均体现了较好的拟合性能。但在含有噪声的数据集中,3 种数据降维的方法对模型的影响却不同。为了增强数据说服力,同时定量分析数据预处理对模型预测性能带来的差异,随机抽取含噪声正相位模拟数据作为训练集和测试集,分别运用 PCA、Isomap、Laplacian Eigenmaps 三种方法对原始数据进行降维,将改进后的 PSO-HKELM 预测模型运行 10 次取均值,得到结果如表 5-2 所列。

表 5-2　不同降维方法运行 10 次的拟合系数

序号	PCA 处理	Isomap 处理	Laplacian Eigenmaps 处理	原始数据
1	0.915 491	0.868 414	0.792 473	0.868 773
2	0.949 919	0.899 674	0.918 604	0.858 628
3	0.933 525	0.893 25	0.852 127	0.919 353
4	0.938 047	0.875 277	0.836 958	0.917 446
5	0.931 867	0.900 246	0.760 405	0.891 201
6	0.949 938	0.904 601	0.879 74	0.854 579
7	0.932 418	0.829 996	0.800 859	0.876 591
8	0.965 458	0.853 324	0.866 589	0.837 709
9	0.940 306	0.932 498	0.792 991	0.864 808
10	0.920 506	0.853 933	0.813 585	0.874 567
平均值	0.937 748	0.881 121	0.831 433	0.876 365

　　由表 5-2 可见,运用经过 PCA 降维的数据获得的模型预测结果的拟合系数均在 0.9 以上,预测结果较为稳定,10 次平均拟合系数为 0.937 748;运用 Laplacian Eigenmaps 降维获得的数据进行预测,10 次平均拟合系数为 0.831 433,预测结果最差,说明该方法降维的过程中丢失了较多的不相关属性;用 Isomap 降维后的数据和用原始数据进行预测的结果相差不多,Isomap 降维并没有有效除去原始数据中的相关属性。这说明使用 PCA 对地震属性进行降维可以较为明显地除去地震属性中的相关属性,便于后续模型的建立和性能的优化。

　　将改进后的 PSO-HKELM 预测模型与传统的 ELM 以及 KELM 模型进行比较,取含噪声正相位地震属性集样本进行实验构建模型,每个模型分别运行 10 次,且每次均随机抽取其 2/3 作为训练集,剩余 1/3 作为测试集。其中,由于传统的 ELM 模型中隐含层节点数没有较为合理的选取方式,此处选取隐含层节点数为 5,6,7,8,9,10 进行仿真测试,结果如表 5-3 所列(保留两位小数)。

表 5-3 3 种模型预测结果

序号	PSO-HKELM	ELM($K=5$)	ELM($K=6$)	ELM($K=7$)	ELM($K=8$)	ELM($K=9$)	ELM($K=10$)	KELM
1	0.94	0.59	0.80	0.88	0.87	0.87	0.90	0.88
2	0.93	0.19	0.85	0.87	0.89	0.87	0.87	0.87
3	0.83	0.83	0.76	0.79	0.82	0.37	0.79	0.81
4	0.89	0.71	0.76	0.79	0.77	0.86	0.82	0.79
5	0.90	0.72	0.79	0.78	0.78	0.78	0.80	0.81
6	0.91	0.85	0.87	0.85	0.84	0.87	0.86	0.85
7	0.88	0.69	0.78	0.82	0.83	0.83	0.82	0.83
8	0.95	0.76	0.80	0.84	0.86	0.83	0.85	0.85
9	0.93	0.70	0.83	0.82	0.82	0.83	0.83	0.84
10	0.91	0.63	0.76	0.58	0.72	0.70	0.69	0.81
均值	0.91	0.67	0.80	0.80	0.82	0.78	0.82	0.83

为了较为直观地判断模型的优劣,选取 PSO-HKELM 预测模型的预测结果、KELM 预测模型的预测结果以及不同隐含层节点数对应的 ELM 模型中表现最好的预测结果作图,如图 5-21 所示。

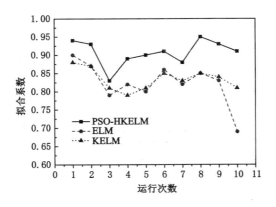

图 5-21 三种模型预测结果

由图 5-21 可以发现,改进后的预测模型较传统的 ELM 以及 KELM 模型在预测精度上有明显的提升。

为进一步验证模型的优劣,在当前学者研究的基础上,将改进后的 PSO-HKELM 预测模型分别与用 K 折交叉验证方法优化参数的 SVM 模型以及 BP 神经网络进行实验比较。取含噪声正相位地震属性集样本进行实验构建模型,每个模型分别运行 10 次,且每次均随机抽取其 2/3 作为训练集,剩余 1/3 作为测试集,预测结果如图 5-22 所示。

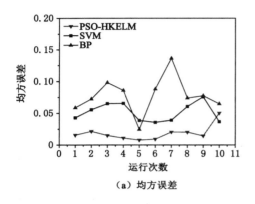
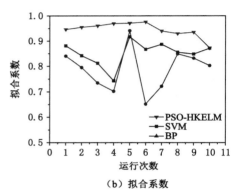

（a）均方误差　　　　　　　　　　　（b）拟合系数

图 5-22　改进算法与其他算法预测结果比较

由图 5-22 可以看出,采用本书提出的基于改进粒子群算法优化的混合核极限学习机模型的预测准确率明显高于剩余两个模型。在 10 次实验中,本书提出的预测模型的平均预测准确率达到 90% 以上。

此外,由于模型结合了较多的思想和算法,为了研究模型的时间复杂度,将模型的运行时间作为判断预测模型时间复杂度的标准,利用模拟含噪声数据中的正相位数据在相同环境和参数下运行 5 次,统计运行时间,结果如表 5-4 所列（保留两位小数）。

表 5-4　模拟含噪声数据运行 5 次的运行时间

模型	时间/s					均值/s
PSO-HKELM	71.66	69.98	69.87	70.03	73.82	71.07
SVM	2.87	3.17	2.89	3.04	2.91	2.98
BP	1.12	0.27	0.29	0.26	0.29	0.45

由表 5-4 可以发现,改进模型运行时间较长、算法复杂度较高,但考虑到其

预测精度提高较为明显、预测结果较为稳定,且在实际开采中预测构造煤厚度对测试时间要求不高,将其运用于预测构造煤厚度是可行的,且预测效果较好。

5.4.3　实际煤矿采区验证

利用改进的预测模型,对研究目标区域的构造煤厚度进行预测。将 BP、SVM 和改进 PSO-HKELM 模型分别运用到 15# 煤层 10 口钻孔处的构造煤厚度预测中,将预测数据与实际钻孔数据作对比,如表 5-5 所列。

表 5-5　3 种模型预测值对比　　　　单位:m

钻孔	构造煤厚度	BP		SVM		PSO-HKELM	
		预测值	绝对误差	预测值	绝对误差	预测值	绝对误差
3-146	2.6	2.06	0.54	2.29	0.31	2.63	0.03
3-133	2.8	2.43	0.37	2.56	0.24	2.86	0.06
2-157	2.4	2.26	0.14	2.38	0.02	2.44	0.04
3-1381	4.3	3.28	1.02	3.33	0.97	4.36	0.06
3-147	0	0.43	0.43	0.36	0.36	0.00	0.00
3-137	3	3.01	0.01	3.20	0.20	3.06	0.06
3-148	0	0.05	0.05	0.02	0.02	0.06	0.06
3-139	0	0.03	0.03	0.00	0.00	0.03	0.03
3-158	0	0.03	0.03	0.00	0.00	0.06	0.06
3-144	0.6	0.54	0.06	0.62	0.02	0.66	0.06
平均值	1.57	1.41	0.27	1.48	0.22	1.62	0.05

由表 5-5 可以看出,改进 PSO-HKELM 模型预测出的相对误差最小,误差均值为 0.05(其中最大误差为 0.06,最小误差为 0),而且预测结果均比较稳定;K 折交叉验证方法优化参数 SVM 的预测精度其次,误差均值为 0.22(其中最大误差为 0.97,最小误差为 0);BP 效果最差,误差均值为 0.27(其中最大误差为 1.02,最小误差为 0.01)。可见,利用本书提出的改进 PSO-HKELM 模型预测的构造煤厚度效果更好。

数据经过 PCA 处理,运用改进 PSO-HKELM 模型预测出的构造煤厚度分布图如图 5-23 所示。

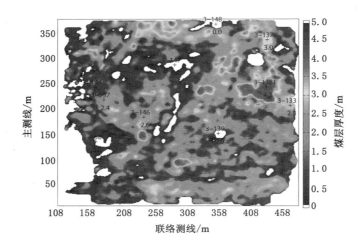

图 5-23　预测目标区构造煤厚度分布图

从图 5-23 可以看出,预测分布图与煤层整体的构造煤分布具有很好的一致性。构造煤主要分布在钻孔 3-1381、3-146 和 3-137 为中心的 3 个独立区域。

5.5　小结

本章提出了一种利用 ELM 方法实现构造煤厚度预测的方法,同时对 ELM 模型进行了改进。根据模型数据和实际煤矿采区实验数据,可得出如下结论:

(1)ELM 预测模型可用于预测煤矿采区构造煤的厚度。然而,预测精度对输入的地震属性、激活函数和隐含节点的数量都很敏感。

(2)在研究区,发现 Sigmoid 函数比 Fourier 函数和 Hardlimit 函数更适合预测 15# 煤层的构造煤厚度。预测训练模型中最好有 10 个隐含节点。

(3)我们发现,PCA1 和 PCA3 的属性组合能够比其他 PCA 属性组合得到更好的预测结果。

(4)ELM 模型预测构造煤厚度比精度 FNN 模型更高一些,不过这两种模型都很容易受到输入数据信噪比的影响。

(5)此外,PCA 和 ELM 的结合可以克服对一些主要地震属性的预测依赖性,包括振幅和频率,这在研究领域仍是一个有待解决的问题。

6 基于深度置信网络的构造煤分布预测方法

6.1 基本原理

6.1.1 受限玻尔兹曼机

深度置信网络(Deep Belief Network,DBN)的关键组成元件是受限玻尔兹曼机(Restricted Boltzmann Machine,RBM),通过将多层 RBM 组合并结合分类器对输入数据进行检测、识别以及分类。RBM 组成结构中含有两层神经元(显元、隐元),如图 6-1 所示,每一层可用一个向量表示,向量的维数由每层神经元的个数决定。显层用来表示数据信息,隐藏层用来增加学习数据的能力。

图 6-1 RBM 结构图

RBM 组成结构中层内的神经元之间无连接,层间的神经元之间双向连接。该结构保证层内神经元无互连的条件独立性,即在给定显元的取值时所对应的隐元的取值是互不相关的,同样在给定隐元值时显元也保留该特性。可视层单元(v)对应输入,隐藏层单元(h)对应于特征探测,其隐藏层单元可以获取输入可视层单元的高阶相关性。它们的联合组态能量方程 $E(v,h)$ 为:

$$E(v,h) = -\sum_{i=1}^{n}(a_i v_i) - \sum_{j=1}^{m}(b_j h_j) - \sum_{i=1}^{n}\sum_{j=1}^{m}(v_i W_{ij} h_j) \qquad (6\text{-}1)$$

能量函数表示在每一个可见节点的取值和每一个隐藏层节点的取值之间

都存在一个能量值。其中 v_i 和 h_j 是可视单元输入 i 和隐藏单元特征 j 的二进制状态；a_i 和 b_j 分别是它们的偏移量；W_{ij} 是它们之间的权重矩阵。因为隐藏节点之间是条件独立的，即：

$$P(\boldsymbol{h} \mid \boldsymbol{v}) = \prod_j P(\boldsymbol{h}_j \mid \boldsymbol{v}) \tag{6-2}$$

在给定可视层 $\boldsymbol{v}$ 或者隐藏层 $\boldsymbol{h}$ 的基础上，可以计算出它们的条件概率分布：

$$P(v_i = 1 \mid \boldsymbol{h}) = \frac{1}{1 + \exp\left[-\sum_j (W_{ij}h_j - a_i)\right]} \tag{6-3}$$

$$P(h_j = 1 \mid \boldsymbol{v}) = \frac{1}{1 + \exp\left[-\sum_i (W_{ij}v_i - b_j)\right]} \tag{6-4}$$

当给定一组训练样本集合 $S = \{v^0, v^1, \cdots, v^n\}$ 时，其目标就是最大化如下对数似然函数：

$$L_s = \sum_{n-1}^{N} \log P(v^n) \tag{6-5}$$

DBN 的组成元件 RBM 需通过训练优化特征提取能力，其目的是求得一个最接近训练样本的联合概率分布从而能够更准确、抽象地提取或者还原特征，即求得决定训练样本最大概率产生分布的影响因素——权值。训练 RBM 的过程简单来说就是寻找可视层节点和隐藏层节点之间连接的最优权值，基于对比散度算法的 RBM 权重更新步骤如下：

步骤 1：对训练样本集进行采样，每一采样记录记为 X。

步骤 2：将 X 输入可视层 $\boldsymbol{v}^{(0)}$，计算该记录使隐元开启的概率。

$$P(h_j^{(0)} = 1 \mid \boldsymbol{v}^{(0)}) = \sigma(W_j \boldsymbol{v}^{(0)}) \tag{6-6}$$

步骤 3：重构显层，从上述所计算的概率分布中抽取出隐藏层的一个样本。

$$\boldsymbol{h}^{(0)} \sim P(\boldsymbol{h}^{(0)} \mid \boldsymbol{v}^{(0)})$$

步骤 4：计算隐元激活概率，基于显层中抽取样本并运用重构后显层神经元进行计算。

$$P(v_i^{(1)} = 1 \mid \boldsymbol{h}^{(0)}) = \sigma(W_i^t \boldsymbol{h}^{(0)}), \boldsymbol{v}^{(1)} \sim P(\boldsymbol{v}^{(1)} \mid \boldsymbol{h}^{(0)}) \tag{6-7}$$

步骤 5：最终依据隐层神经元和显层神经元之间的相关性差异来更新权重 $\boldsymbol{W}$。

$$P(h_j^{(1)} = 1 \mid \boldsymbol{v}^{(1)}) = \sigma(W_j \boldsymbol{v}^{(1)}) \tag{6-8}$$

$$\boldsymbol{W} \leftarrow \boldsymbol{W} + \varphi[P(\boldsymbol{h}^{(0)} = 1 \mid \boldsymbol{v}^{(0)})\boldsymbol{v}^{(0)\mathrm{T}} - P(\boldsymbol{h}^{(1)} = 1 \mid \boldsymbol{v}^{(1)})\boldsymbol{v}^{(1)\mathrm{T}}] \tag{6-9}$$

式中,**v**代表显元;**h**代表隐元;*m*、*n*代表显元和隐元的个数;公式中的上标代表取样步骤;$\langle v_i^{(0)} h_j^{(0)} \rangle$代表基于显层和隐藏层的第一次取样;**W**代表层间连接权重,其训练好之后可确定输入显层的一条新记录所对应隐元的状态。

6.1.2　深度置信网络

机器学习研究的主要任务是设计和开发可以智能地根据实际数据进行"学习"的算法,这些算法可以自动地挖掘隐藏在数据中的模式和规律。目前,各种机器学习算法在科研、工业、金融、医药等诸多领域都扮演着非常重要的角色。人工神经网络作为一种通过模仿生物神经网络建立起来的计算模型,是很具有代表性的一类机器学习方法。人工神经网络因其较好的自学习、建模能力和较强的鲁棒性能等,受到学界的广泛关注。

2006 年,Hinton 等提出了深度置信网络和相应的高效学习算法。这个算法成为其后至今深度学习算法的主要框架。该算法中,一个 DBN 是由多个受限波尔兹曼机(RBM)以串联的方式堆叠而形成的一种深层网络,训练时通过自低到高逐层训练 RBM 将模型参数初始化为较优值,再使用少量传统学习算法对网络微调,使得模型收敛到接近最优值的局部最优点。由于 RBM 可以通过对比散度等算法快速训练,避开了直接训练 DBN 的高计算量,将模型化简为对多个 RBM 的训练问题。这个学习算法解决了模型训练速度慢的问题,能够产生较优的初始参数,有效地提升了模型的建模、推广能力。自此,深层神经网络难以有效训练的僵局被成功打破,机器学习界掀起了深度学习的研究热潮。

DBN 是第一批成功应用非卷积的深度模型之一。DBN 模型(孙志远 等,2016)是一种深层混合网络,如图 6-2 所示,它以 RBM 为基本单元串联堆叠构成。DBN 的训练是通过先逐层训练 RBM,再使用传统学习算法进行微调。

DBN 的学习训练过程可以划分为预训练和微调两个阶段。

第一阶段为预训练阶段,把网络中任意相邻两层当作一个 RBM,即以下层 RBM 模型的输出作为上层 RBM 模型的输入,利用贪心无监督学习算法逐层对整个 DBN 模型参数进行初始化。用贪心无监督学习方法逐层训练之后,深层架构底层的原始特征被组合成更加紧凑的高层次特征。由于贪心算法无法使整个网络参数达到最优,故需要进入微调阶段优化整个网络的参数。

第二阶段为微调阶段,整个深层架构设置传统的全局学习算法(BP 或wake-sleep 算法)有监督地对网络空间的相关参数进行进一步优化和调整,自顶向下微调整个模型。

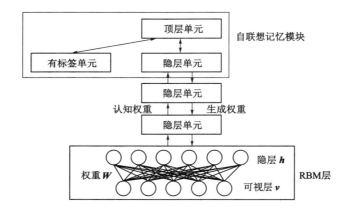

图 6-2 DBN 模型的结构

这种先无监督学习后监督学习的两步走模式,使 DBN 在训练数据不足的半监督学习任务中有很好的表现。DBN 的微调步骤尤其重要,由于先前构建的每一层 RBM 都只能确保自身层内的权值对该层的特征映射提取达到最优,为保证整体结果的最优性,设置监督训练学习,两者结合保证参数不易陷入局部最优。同时,这种训练模式通过无监督训练有效地缩小参数寻优的空间,大大减少了有监督训练的时间。

6.2　模型建立

6.2.1　基于深度置信网络的采区构造煤分布预测模型

如图 6-3 所示,构建了基于 DBN 的构造煤分布预测模型。该模型由 3 个 RBM 层和 1 个逻辑回归层组成。第一个 RBM 层将地震属性数据输入到第 0 层,形成第一层特征层。然后,后续的 RBM 层通过其上一层的输出进行训练。最后,在特征学习系统的末尾添加了一个逻辑回归层,它用于对整个所获得的网络进行微调,以集成神经网络的层,并利用所学习的特征进行构造煤分布预测。

深度置信网络模型算法的具体步骤如下:

步骤 1:数据标准化,进行主成分分析处理,保存结果集备用。

步骤 2:将地震属性数据通过归一化处理并且进行特征学习。

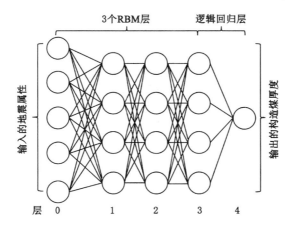

图 6-3　基于 DBN 的构造煤分布预测模型

步骤 3：对 RBM 运用对比散度算法逐层训练，上一层的输出作为下一层的输入。

步骤 4：经过特征的学习和训练后，可以得到一个训练好的特征代表模型。

步骤 5：将最后一层 RBM 的输出作为逻辑回归层的输入，随机初始化其参数，输出最后的构造煤分布预测结果。

步骤 6：计算该模型的损失函数、MSE 及 R^2。

6.2.2　模型预测精度指标

本书选取回归算法常用的评价指标均方误差 MSE 以及决定系数 R^2 来对预测模型的预测效果进行评价。决定系数越接近 1，表明预测结果和真实值相关性越强，模型拟合效果越好。

均方误差是指参数估计值与参数真实值之差平方的期望值，计算公式如下：

$$MSE = \frac{1}{m} \sum_{i=1}^{m} (y_i - \hat{y}_i)^2 \qquad (6-10)$$

均方误差用来评价数据的变化程度，MSE 的值越接近 0，表明模型的预测误差越小，预测精度越高。

决定系数是通过数据的变化来表征一个拟合的好坏，计算公式为：

$$R^2 = 1 - \frac{\sum_{i} (y_i - \hat{y}_i)^2}{\sum_{i} (y_i - \overline{y_i})^2} \qquad (6-11)$$

化简上面的公式,将分子分母同时除以 m:

$$R^2 = 1 - \frac{\left[\sum_i (y_i - \hat{y}_i)^2\right]/m}{\left[\sum_i (y_i - \overline{y_i})^2\right]/m} \tag{6-12}$$

则分子变成了均方误差 MSE,分母变成了方差:

$$R^2 = 1 - \frac{\left[\sum_i (y_i - \hat{y}_i)^2\right]/m}{\left[\sum_i (y_i - \overline{y_i})^2\right]/m} = 1 - \frac{\text{MSE}(\hat{y}, y)}{\text{Var}(y)} \tag{6-13}$$

由上面的表达式可以知道决定系数的正常取值范围为 $[0,1]$。决定系数越接近 1,表明方程的变量对 y 的解释能力越强,即预测结果和真实值相关性越强,这个模型数据拟合效果也越好。

6.3 构造煤分布预测实例

6.3.1 研究区概况

研究区芦岭煤矿位于我国安徽省北部,处于瓦斯突出区。研究区经历了印支期、燕山期和喜山期复杂的构造运动,形成了复杂的地质构造。研究区 $8^\#$ 煤层已知钻孔 20 个,如图 6-4 所示。通过三维地震资料解释,研究区总体上呈倾

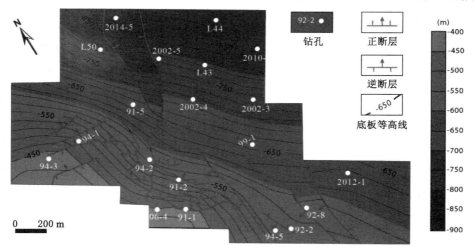

图 6-4　研究区 $8^\#$ 煤层钻孔分布

向北东的单斜构造,并且发育 3 组断层构造,分别沿东西向、南北向和北北西向。由于前期复杂的地质构造运动,研究区构造煤发育。构造煤厚度和地层埋深正相关。构造煤厚的区域位于研究区右上角,中等厚度的构造煤位于研究区中间区域,构造煤最薄区域位于研究区右下角。这一规律和区域构造煤发育相一致。然而,局部地质构造同样对 8# 煤层的构造煤厚度分布有着明显影响。例如,钻孔 91-5 附近的构造煤较厚,但同样埋深区域的构造煤则较薄。因此,煤炭回采前利用地震资料预测构造煤分布非常必要。

6.3.2 交叉验证

在研究区 8# 煤层 20 个钻孔上,进行了密度、伽马射线的研究。通过分析我们能够识别每个钻孔的构造煤厚度。如表 6-1 和图 6-5 所示,最厚的构造煤厚度为 11.6 m,最薄的构造煤厚度为 3.8 m,平均值为 6.7 m。此外,构造煤厚度与煤层埋深呈正相关,这是构造煤在研究区的典型发育特征。

表 6-1 芦岭煤矿 8# 煤层的构造煤测井厚度

钻孔	深度/m	煤层厚度/m	构造厚度/m
L44	926.8	10.6	8.1
L50	813.0	11.8	8.4
91-5	671.2	13.0	6.6
2002-4	723.9	14.1	11.6
2002-5	795.0	12.7	9.1
2010-11	877.3	11.1	8.2
2012-1	643.5	7.4	5.3
2014-5	930.7	11.0	8.6
L43	807.9	10.7	8.7
06-4	457.8	7.4	4.3
91-2	566.0	11.8	8.5
92-8	592.8	6.6	4.5
94-2	600.4	3.9	3.9
91-1	458.6	8.4	5.9
92-2	589.6	7.6	4.8
94-5	582.9	8.8	5.4

表 6-1(续)

钻孔	深度/m	煤层厚度/m	构造煤厚度/m
2002-3	760.4	11.5	5.7
94-1	505.6	9.8	4.7
94-3	448.6	16.2	7.7
99-1	673.6	11.0	4.4

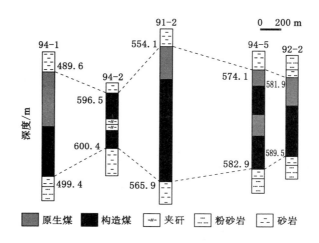

图 6-5 钻孔 94-1,94-2,91-2,94-5 和 92-2 的地震剖面

众所周知,地震振幅与声阻抗对比度呈正相关,煤层顶板和底板存在强阻抗对比度。因此,理论上可以用地震振幅定性地估计煤层中的构造煤分布。我们提取了钻孔附近的瞬时振幅,并与测量的构造煤厚度交叉绘制,如图 6-6 所示。由图 6-6 可见,振幅与构造煤厚度相关,但相关性较弱。通过拟合方程和振幅的预测,我们得到了该煤层构造煤的分布,如图 6-7 所示。由于分布不准确,需要采用多地震属性的方法来预测煤层的构造煤分布。

尽管通过三维地震属性的地质模拟数据,验证了 DBN 预测模型的可靠性,但是它在实际地震数据预测中,是否可靠需要进一步验证。模拟数据和真实地震数据的信噪比、频率、振幅和带宽都不相同。为此,我们将钻孔附近的地震属性数据和真实的构造厚度数据输入 DBN 预测模型。使用的地震属性与合成地震数据保持一致。

由于已知钻孔只有 20 个,这 20 个钻孔的数据集不足以保证训练可靠的

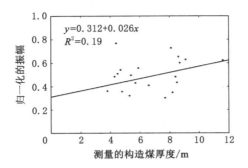

图 6-6　测量的构造煤厚度和瞬时振幅交会图

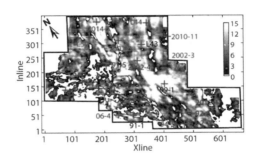

图 6-7　瞬时振幅预测构造煤分布图

DBN 预测模型。假设钻孔附近的地质情况在较小的空间偏差范围内相对稳定，将其周围 25 m 范围内的数据视为钻孔数据，即 25 m 范围内的构造煤厚度即为钻孔的构造煤厚度。因此，使用 1 359 条地震道数据来验证 DBN 预测模型。

　　在预测过程中，我们提取了地震属性并计算了它们的主成分（PC）。与合成地震道示例相似，地震属性相互关联，前三个主成分占 85% 以上的方差（93.8%），如表 6-2 和表 6-3 所示。然后，我们使用前三个主成分的地震道数据，形成训练集和测试集。测试数据集是所选钻孔附近地震属性数据，训练集是其余 19 个钻孔附近地震属性数据。在对每一个钻孔重复这种交叉验证后，我们得到了预测的构造煤厚度。此外，我们还比较了 DBN 模型的预测厚度与实际厚度，以及 SVM 和 ELM 模型的预测厚度，以评估预测精度和可靠性，如表 6-4 和图 6-8 所示。

表 6-2　相关系数矩阵

	Attr1	Attr2	Attr3	Attr4	Attr5	Attr6	Attr7	Attr8	Attr9	Attr10	Attr11
Attr1	1.00	0.06	0.05	−0.06	0.01	0.00	0.01	0.01	0.01	−0.04	0.04
Attr2	0.06	1.00	0.93	−0.06	−0.04	−0.03	−0.01	0	−0.01	0.17	0.38
Attr3	0.05	0.93	1.00	0.10	−0.05	−0.03	−0.01	−0.01	−0.02	0.36	0.05
Attr4	−0.06	−0.06	0.10	1.00	−0.02	0.01	0.02	0.01	−0.01	0.94	−0.50
Attr5	0.01	−0.04	−0.05	−0.02	1.00	1.00	1.00	1.00	1.00	−0.04	0.04
Attr6	0	−0.03	−0.03	0.01	1.00	1.00	1.00	1.00	1.00	0	0.02
Attr7	0.01	−0.01	−0.01	0.02	1.00	1.00	1.00	1.00	1.00	0.01	0.01
Attr8	0.01	0	−0.01	0.01	1.00	1.00	1.00	1.00	1.00	0.01	0.02
Attr9	0.01	−0.01	−0.02	−0.01	1.00	1.00	1.00	1.00	1.00	−0.01	0.03
Attr10	−0.04	0.17	0.36	0.94	−0.04	0	0.01	0.01	−0.01	1.00	−0.51
Attr11	0.04	0.38	0.05	−0.50	0.04	0.02	0.01	0.02	0.03	−0.51	1.00

表 6-3　主成分的特征值

PCs	特征值	差值	累计贡献
PC1	0.087	0.603	0.603
PC2	0.038	0.265	0.868
PC3	0.010	0.071	0.938
PC4	0.005	0.036	0.974
PC5	0.003	0.020	0.995
PC6	0.001	0.005	0.999
PC7	0	0	1.000

表 6-4　不同方法预测的构造煤厚度比较

序号	钻孔	真实构造煤厚度/m	SVM 模型		ELM 模型		DBN 模型	
			预测厚度/m	绝对误差/m	预测厚度/m	绝对误差/m	预测厚度/m	绝对误差/m
1	L44	8.1	8.36	0.26	9.02	0.92	7.61	0.49
2	L50	8.4	9.20	0.80	9.18	0.78	9.03	0.63
3	91-5	6.6	6.21	0.39	7.23	0.63	6.64	0.04
4	2002-4	11.6	10.41	1.19	10.53	1.07	10.58	1.02

表 6-4(续)

序号	钻孔	真实构造煤厚度/m	SVM 模型		ELM 模型		DBN 模型	
			预测厚度/m	绝对误差/m	预测厚度/m	绝对误差/m	预测厚度/m	绝对误差/m
5	2002-5	9.1	10.96	1.86	7.69	1.41	8.12	0.98
6	2010-11	8.2	8.50	0.30	8.15	0.05	7.47	0.73
7	2012-1	5.3	6.30	1.00	6.24	0.94	5.89	0.59
8	2014-5	8.6	8.34	0.26	8.40	0.20	8.06	0.54
9	L43	8.7	9.40	0.70	9.27	0.57	9.10	0.40
10	06-4	4.3	4.38	0.08	6.83	2.53	4.85	0.55
11	91-2	8.5	7.45	1.05	7.60	0.90	7.53	0.97
12	92-8	4.5	4.94	0.44	5.20	0.70	5.71	1.21
13	94-2	3.8	6.93	3.13	2.69	1.11	4.56	0.76
14	91-1	5.9	6.05	0.15	5.66	0.24	6.16	0.26
15	92-2	4.8	5.77	0.97	5.26	0.46	6.73	1.93
16	94-5	5.4	6.10	0.70	6.03	0.63	6.11	0.71
17	2002-3	5.7	5.11	0.59	6.35	0.65	6.21	0.51
18	94-1	4.7	6.50	1.80	6.71	2.01	6.32	1.62
19	94-3	7.7	6.95	0.75	7.31	0.39	7.72	0.02
20	99-1	4.4	5.92	1.52	5.24	0.84	5.21	0.81

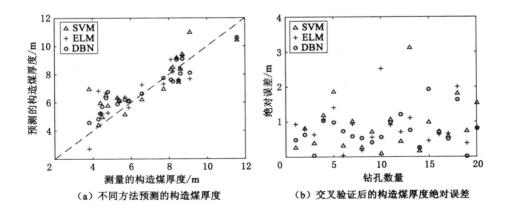

（a）不同方法预测的构造煤厚度　　　　（b）交叉验证后的构造煤厚度绝对误差

图 6-8　不同方法预测的构造煤厚度和交叉验证后的构造煤厚度绝对误差

6.3.3 构造煤分布预测

一般情况下,钻孔附近的数据预测出的构造煤厚度是准确可靠的。如图 6-8所示,支持向量机(SVM)模型预测的误差最大,平均为 0.90 m,极限学习机(ELM)模型平均误差为 0.85 m。相比之下,深度置信网络(DBN)模型的平均误差为 0.74 m,精度最高。

由于 DBN 模型在构造煤分布预测中效果最好,我们使用了 20 个钻孔附近数据的前三个主要成分构成训练集,并使用训练后的 DBN 模型来预测整个采区 8#煤层的构造煤分布。然后,重复了 10 次训练和预测,并使用平均值作为最终的构造煤分布预测,如图 6-9 所示。最厚的构造煤在 NE 角,埋深最大;中厚的构造煤在中区,埋深为中;最薄的构造煤在 SE 角,埋深较小。

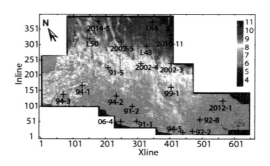

图 6-9　研究区模型预测的构造煤分布图

6.4 影响采区构造煤分布预测的主要因素研究

6.4.1 埋藏深度和煤层厚度的影响

为了了解构造煤厚度的影响因素,我们分析了埋藏深度、构造煤厚度和煤层厚度之间的关系,如图 6-10 所示。这里使用的所有数据都来自 20 个钻孔的测量结果。煤层厚度主要与沉积条件有关,与埋藏深度关系不大。埋藏深度只占煤层厚度的 7%($R^2 = 0.07$),如图 6-10(a)所示,这与对煤层厚度影响因素的一般理解是一致的。构造煤厚度与埋藏深度和煤层厚度有关。在实验中,埋藏深度占构造煤厚度的 31%($R^2 = 0.31$),煤层厚度占构造煤厚度的 52%

（$R^2=0.52$），如图 6-10（b）（c）所示。同时考虑埋藏深度和煤层厚度，它们占构造煤厚度（$R^2=0.67$）的 67％，如图 6-10（d）所示。

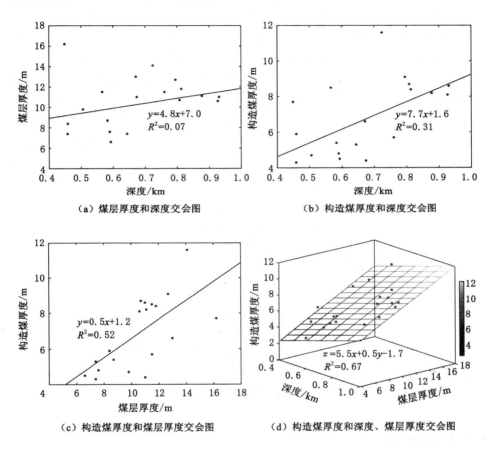

图 6-10　埋藏深度、构造煤厚度和煤层厚度关系图

由钻孔数据揭示的特征可见，研究区域预测的构造煤分布与埋藏深度呈正相关。

6.4.2　断层发育的影响

除了埋藏深度和煤层厚度外，与构造运动有关的结构变形是影响构造煤厚度的另一个主要因素。构造发育越强，构造煤厚度越厚。淮北煤田断层是构造发育的主要标志。断层分布越密集，构造发育程度越高。

　　三维地震体可解释断层的分布,如图 6-4 所示。由于地震分辨率的影响,深埋煤层解释断层的可靠性低于浅埋煤层。研究区 NE 区域的构造煤埋深比 SW 区域大得多。考虑到地震分辨率的一致性,我们在比较过程中只考虑了浅层区域,即 SW 区域。在 SW 区域断层密度较高,在 SE 区域断层密度较低。如图 6-11 所示,预测的构造煤厚度在 SW 区域大于 SE 区域,但 SW 区域几乎比 SE 区域低 100 m。我们测量了从钻孔到最近断层的距离,并与钻孔附近的构造煤厚度绘制了交会图,如图 6-11 所示。结果表明,构造煤厚度与最近的断层距离呈负相关。这个规律很好地解释了为什么埋藏深度和煤层厚度只占构造煤厚度方差的 67%,意味着断层发育也是研究区构造煤厚度的一个重要影响因素。

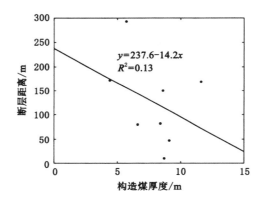

图 6-11　构造煤厚度和最近的断层距离交会图

6.4.3　预测比较

　　我们用 DBN 模型和瞬时振幅来预测的构造煤厚度分布,分别如图 6-9 和图 6-7 所示,对比可见它们相差甚远。为了比较它们的预测精度,我们绘制了图 6-12所示测量和预测的构造煤厚度交会图。如图所示,图 6-12(a)的散射点在对角线附近,偏差较小(平均 0.73 m),而图 6-12(b)的散射点远离对角线,偏差较大(平均 4 m)。此外,DBN 模型的预测分布遵循构造煤发育的区域特征,即构造煤厚度分布与埋藏深度、煤层厚度和构造发育有关。相反,瞬时振幅的预测分布与构造煤发育的区域特征有微弱的关联。在研究区右侧,预测的构造煤厚度大多较厚(>6.7 m)。

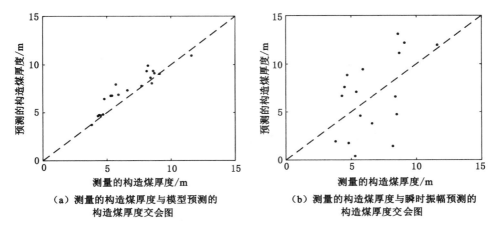

（a）测量的构造煤厚度与模型预测的
构造煤厚度交会图

（b）测量的构造煤厚度与瞬时振幅预测的
构造煤厚度交会图

图 6-12　构造煤厚度测量值与预测值交会图

6.5　小结

本章提出了一种基于 DBN 模型的构造煤厚度分布的预测方法。通过对研究区实例的分析，我们得出了如下结论：

（1）考虑到预测精度和稳定性，在研究区域，所提出的 DBN 模型在预测构造煤厚度分布方面优于 SVR 和 ELM 模型。该模型对其他一些区域的构造煤厚度分布预测需进一步研究。

（2）煤层埋深、煤层厚度、断层发育与研究区构造煤的厚度分布呈正相关。

（3）在研究区域，观察到的地震振幅可能与构造煤厚度分布几乎没有相关性。

7 基于随机森林的构造厚度预测方法

7.1 基本原理

随机森林(Random Forest,RF)是一种有监督的集成学习方法。RF的优势在于其实现简单,在不需要大量和全面数据集下也能有相当出色的效能,即在大量的特征和少量的实例数据下,也拥有较优的输出,且其输出易于解释。RF既可以用于分类,也可以用于回归,还可以产生概率模式的结果。因此存在着各种各样的随机森林,这取决于个体模型是如何构建的,以及随机性是如何引入集成模型中的。RF的建树过程暗示了其本身就具有衡量特征重要性和降维的功能。在回归模式下,RF在模拟一组输入和输出之间的高度非线性关系方面表现良好。

7.1.1 决策树算法

决策树是一个简单而又功能强大的学习和预测工具,它从大量数据中获取信息和知识。决策树由树节点的集合构成,其中非叶子节点用来判断和测试样本数据的特征属性,叶子节点用来决策和输出模型的预测结果。目前流行的决策树算法都是通过自顶向下的方式来构建模型,在每一次分裂时,都是依据贪心算法的思想,选择当前最佳的特征及其取值进行划分(董美辰,2018)。

决策树面临的最大挑战是如何选择每个节点上划分的判断依据。决策树在分裂某个节点时,节点内的样本数据被分成两份,依据的是某个特征上的某个取值,当分裂后目标总的不确定性变小,则说明该特征取值能帮助决策树进行预测。在该取值的划分下,每个子节点内部的样本数据尽可能地相似,而不同子节点的样本数据差距尽可能地大,即通过该划分,样本的"不确定性"降低了,节点的纯度提高了(Panhalkar et al.,2021)。信息熵是用来度量样本"不确定性"的评价指标,假定样本数据为 $U = \{(x_1, y_1), (x_2, y_2), \cdots, (x_N, y_N)\}$,预测的目标值的取值空间用 $\{t_1, t_2, \cdots, t_k\}$ 表示,则信息熵表示为:

$$E(U) = -\sum_{k=1}^{K} (p_k \log_2 p_k) \tag{7-1}$$

式中, p_k 表示样本中预测值取 t_k 的概率。显然,当每个 p_k 的大小都一样时,即为 $1/K$ 时, $E(U)$ 取最大值,此时的样本数据毫无规律可言,当样本下只有同一个预测值时, $E(U)$ 取最小值 0,此时样本的纯度最高。

目前主要有信息增益比、基尼系数、平方误差等信息的衡量方式(王洪花,2020)。

在 ID3 算法的节点分裂中,是依靠信息增益来进行特征划分的。假设一个特征 c 的取值范围是 $\{c^1, c^2, \cdots, c^f\}$,共有 f 个可能取值,使用该特征 c 来划分样本数据,可以得到 f 个子节点,用 U^f 表示原始样本数据经过划分后第 f 个子节点中的样本数据, $|U^f|$ 表示其数量。信息增益的本质是经过划分后,样本数据所能提供的信息增量,可以表示为:

$$G(U, c) = E(U) - \sum_{f=1}^{U} \frac{|U^f|}{|U|} E(U^f) \tag{7-2}$$

信息增益表达的概念就是样本数据划分后比划分前多出来的信息量。从上述的表达式可以看出 $G(U, c)$ 越大,选择的划分点越优。

在 CART 的分类版本中,是依靠基尼系数来衡量信息量的,可以表示为:

$$Gini(U) = \sum_{k=1}^{K} \left[p_k (1 - p_k) \right] = 1 - \sum_{k=1}^{K} p_k^2 \tag{7-3}$$

从表达式可以看出,基尼系数将节点内预测目标的取值看成两类,节点的不纯度越高,则基尼系数越高。在划分时,依据的标准与 ID3 类似,即:

$$Gini(U, c) = Gini(U) - \sum_{f}^{U} \frac{|U^f|}{|U|} Gini(U^f) \tag{7-4}$$

显然,在划分时,只需要选择使 $Gini(U, c)$ 最大的特征及其取值即可划分样本数据。

下面主要介绍分类与回归树(Classification and Regression Tree,CART)的回归版本(Breiman et al.,1984)。CART 是一种递归划分方法,它通过建立分类和回归树来预测类别目标和连续数值目标。相较于传统的 ID3 和 C4.5 的决策树预测算法,CART 的一个重要特点是始终用二分标准来划分数据,即个体模型使用二叉树。

下面将介绍 CART 的一般步骤,以回归为例:

CART 初始时根节点包含所有数据,根据使平方误差定义的信息增益最大准则,以贪婪的方式选择某特征下的最优取值,不断划分数据,然后在两个子节点下采取同样准则,直至满足设定条件。算法将输入空间划分为 $D_1, D_2, \cdots,$ D_M,每个输入空间对应一个叶子节点,而 $d_1, d_2, \cdots, d_M$ 分别表示在叶子节点中预测值的平均值。

在处理回归问题时,在选取特征 c 及其取值 v 之后,我们根据下式求解:

$$(c^*, v^*) = \arg\min_{c,v}\Big[\sum_{x_i < v}(y_i - d_{cv}^{(1)})^2 + \sum_{x_i \geqslant v}(y_i - d_{cv}^{(2)})^2\Big] \tag{7-5}$$

来获得该节点分裂的最佳的特征属性及其取值。其中 $d_{cv}^{(1)} = \mathrm{avg}(y_i \mid x_i < v)$,$d_{cv}^{(2)} = \mathrm{avg}(y_i \mid x_i \geqslant v)$。

最终输出模型可以表示为:

$$f(x_i) = \sum_{m=1}^{M} d_m I \qquad (x_i \in D_m) \tag{7-6}$$

CART 的构建过程如下:

(1)在决策树一个节点上,依次对每个可选择特征的各个取值进行信息增益的计算,选择使计算结果达到最大的特征和特征取值。若无可选特征或达到条件,则决策树停止分裂。

(2)通过该特征和特征取值将节点内数据一分为二,形成两个节点。

(3)在形成的节点上分别调用(1),(2),直到节点停止分裂,即无可选特征或达到条件。

(4)最终集成模型表示为式(7-6)。

CART 在形成后,需要对决策树进行剪枝,依据的标准就是判断剪枝后是否比剪枝前具有更好的预测精度,如果是,则进行剪枝。

CART 具有易于解释、易于实现、易于运行的优点。CART 中分类和回归的一大区别在于损失的定义,在分类中损失通常以数据的不纯度作为评价标准,而在回归问题中,损失由模型预测的欧氏距离作为评价标准,通常定义为平方损失。

与众多的预测模型相比,决策树具有简易、表达能力强、鲁棒性强、预测效率高等优势,但同时也存在着诸多问题,主要有以下三方面(欧芳芳,2009):

(1)由于决策树的不稳定性,实例样本数据的微小变化就很可能引起决策树组织结构的变化,从而较大地改变模型最终的分类或者输出。

（2）决策树都是依据当前最优的划分标准进行分裂，没有考虑到未来的划分和对模型的不利影响。

（3）决策树自上而下的分裂方式，让模型无法处理惩罚，同时让决策树更加复杂，模型趋于过度拟合。

7.1.2 随机森林算法

RF 模型结合了 CART、随机特征选择和套袋等思想，原始算法使得每一棵分类回归树都能完全生长。

决策树的主要缺点在于模型的不稳定性，训练样本的较小扰动就会导致叶子节点输出的预测值和决策树分裂结构的大变化，即一些偏离正常数值的噪声数据对模型训练的影响很大。随机森林是建立在 Bagging 思想上的算法，该思想的核心即为对数据的自采样以及对个体模型的集成。随机森林，顾名思义，包含了随机的概念，主要体现在以下两方面：

（1）随机抽取样本。在自采样过程中，原始数据可能出现，也可能不出现，在对原始数据进行 K 次抽样过程中，某个实例一直未被抽到的概率为 $\left(1-\dfrac{1}{K}\right)^{K}$，且：

$$\lim_{K\to\infty}\left(1-\frac{1}{K}\right)^{K}\to\frac{1}{e}\approx 0.368 \tag{7-7}$$

所以抽样样本中约含有原始样本 63.2% 的数据。

（2）特征属性随机选取。随机森林在分裂节点的过程中，不使用样本数据的所有特征属性去计算，而是选取原特征空间的子空间作为训练单个模型时计算的特征空间。随机森林通过特征的随机选取，向训练过程添加了随机扰动，进一步扩大了各个基础预测器之间的差异，以此提高集成模型的泛化能力。

相比较 boosting 族算法的个体决策树必须串行构建，随机森林由于其模型之间的独立性可以并行构建。随机森林的预测过程如图 7-1 所示。

随机森林被证明，即使在特征只有一维的情况下，预测效果也优于 CART，这是因为通过集成的方法减少了方差。

随机森林存在着两个重要性质：收敛性和泛化误差界（郭豪，2017）。设最终集成预测表示为 $h(X,\theta_k)$，$k=1,2,\cdots,K$，每个 θ_k 代表随机森林在双重随机后样本和特征的某一取值，取值空间共有 K 个，即个体模型个数为 K 个。

（1）收敛性。

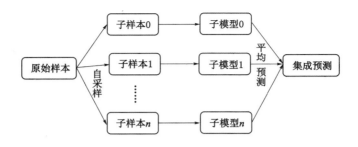

图 7-1　随机森林预测模型

对于任意一个个体模型,其均方泛化误差定义为:

$$E_{X,Y} \left[Y - h(X) \right]^2 \tag{7-8}$$

随着个体模型数量的增加,回归随机森林的泛化误差将最终收敛:

$$E_{X,Y} \left[Y - av_k h(X, \theta_k) \right]^2 \rightarrow E_{X,Y} \left[Y - E_\theta h(X, \theta) \right]^2 \tag{7-9}$$

(2) 泛化误差界。

定义集成模型和个体模型的泛化误差为

$$PE^*(\text{forest}) = E_{X,Y} \left[Y - E_\theta h(X, \theta) \right]^2 \tag{7-10}$$

$$PE^*(\text{tree}) = E_\theta E_{X,Y} \left[Y - h(X, \theta) \right]^2 \tag{7-11}$$

假设对于所有个体模型满足 $EY = E_x h(X, \theta)$,则:

$$PE^*(\text{forest}) \leqslant \bar{\rho} PE^*(\text{tree}) \tag{7-12}$$

式中,$\bar{\rho}$ 代表 $Y - h(X, \theta)$ 与 $Y - h(X, \theta')$ 的相关性。

可以证明:

$$PE^*(forest) = E_{X,Y} \{ E_\theta \left[Y - h(X, \theta) \right]^2 \}$$
$$= E_\theta E_\theta{}' E_{X,Y} \left[Y - h(X, \theta) \right] \left[Y - h(X, \theta') \right] \tag{7-13}$$

可以表示为:

$$E_\theta E_\theta{}' \left[\rho(\theta, \theta') sd(\theta) sd(\theta') \right] \tag{7-14}$$

其中 $sd(\theta) = \sqrt{E_{X,Y}(Y - E_\theta h(X, \theta))^2}$,定义相关性为:

$$\bar{\rho} = E_\theta E_\theta{}' \left[\rho(\theta, \theta') sd(\theta) sd(\theta') \right] / \left[E_\theta sd(\theta) \right]^2 \tag{7-15}$$

$$PE^*(\text{forest}) \leqslant \bar{\rho} \left[E_\theta sd(\theta) \right]^2 \leqslant \bar{\rho} PE^*(\text{tree}) \tag{7-16}$$

也就是说,随着个体模型预测精度的提高以及模型之间的相关性降低,随机森林的泛化误差越低。这一结论对于如何去提高随机森林的预测精度提供了改进方向。

7.1.3　回归随机森林

随机森林相较于其他机器学习算法,在准确性和简易性上都具有优势,因此在选择模型时 RF 被认为是一个很好的首选。但 RF 在回归中的表现却不如其在分类中那么出色,而 RF 的准确性主要由个体模型的强度和其相关性决定。因此提升随机森林预测效果可以从这两个方面入手。

回归随机森林是一种基于随机回归树集合的机器学习集成方法,这些随机回归树通过平均值进行组合,它们都扮演着从复杂输入空间到连续输出空间的非线性映射作用(Breiman et al.,1984;Fouedjio,2020)。非线性是通过将原始问题分解成更小的问题来实现的,这些问题可以用简单的模型来求解。回归树和分类树非常相似,主要区别在于输出值的类型,分类树输出一个整数值,回归树输出一个实数。拆分回归树中的节点测试数据样本,将其发送到左侧或右侧子节点。根据一定的准则选择数据,将训练样本分组成簇,通过简单的模型可以获得良好的预测效果。这些模型是根据到达叶子并存储在那里的带注释的数据样本计算出来的。虽然标准决策树本身就可能发生过度拟合,但是随机训练的决策树的集合具有很强的泛化能力。

回归随机森林同样使用两次随机抽取:训练样本和特征属性。通过随机选择样本的特征子集,减少了执行拆分时选择相同强度预测变量的机会,从而避免回归树变得过度相关。相较于选取所有特征,这种违反直觉的策略被证明是可以提高预测效果的。同时由于决策树仅使用部分样本和属性进行训练,因此单个树的精度可能较低,但通过组合一组决策树,就可以减少预测方差,获得更高的预测精度。

像大多数机器学习技术一样,回归随机森林有一些可以优化的自由参数,其中包括树的数量、在每个节点随机选择的预测变量的数量、每个回归树中观测值与样本的比例以及回归树的终端节点中观测值的最小数量。这些自由参数通过交叉验证进行了优化。在实践中,一般不需要调整决策树的数量;通常建议将其设置为一个较大的数量,从而使预测误差收敛到一个稳定的最小值。

7.1.4　多目标随机森林

多目标随机森林的基础模型是多目标回归树(Multivariate Regression Trees,MRT),又称多元回归树或多输出回归树。相比为每个预测变量单独构建个体模型的方式,MRT 可以同步预测多个连续目标变量。同时,MRT 在另外两个方面具有明显优势：首先，对于预测所有变量，单个 MRT 在运算时间和模型大小上比分开预测的单目标预测模型要小得多；其次，MRT 可以解析并利用预测目标之间的依赖关系，提高最终的预测效果（李航，2019）。De'ath 提出了处理多目标回归树的最早方法之一。他将单变量递归分区法（CART）扩展到多输出回归问题。因此，所谓的 MRT 是按照与 CART 相同的步骤构建的，即从根节点中的所有实例开始，迭代地寻找最优分割并相应地划分，直到达到预定义的停止标准。它与 CART 的主要区别是将节点的杂质度量重新定义为多目标的平方误差之和，于是使用下式中的平方误差，将多目标回归树的特征重要性计算为多个目标的杂质值的减少：

$$减少量 = \sum_{l=1}^{N} \sum_{i=1}^{d} (y_i^{(l)} - \overline{y_i})^2 \tag{7-17}$$

式中，$y_i^{(l)}$ 表示实例 l 的目标变量 y_i 的值，$\overline{y_i}$ 表示节点中 y_i 的平均值，d 表示目标的维度，N 表示实例个数。选择最小化平方误差的总和作为分割点。最后，树的每个叶子由其上的每个实例的多目标平均值、实例数量及其定义的特征值来表征。在几何上，这是每个实例到节点质心的欧几里得距离的平方和。从它们到中心点距离的平方和（SSD）最小，等效地，这将最大化节点质心之间的 SSD。

MRT 还继承了单变量回归树的特征：易于构建，产生的组通常易于解释。它们对添加纯噪声响应或特征变量具有鲁棒性，自动检测变量之间的相互作用，并通过最小的信息损失处理变量中的缺失值。

如图 7-2 所示为基于多目标随机森林的构造煤厚度预测模型，其中 x 由 n

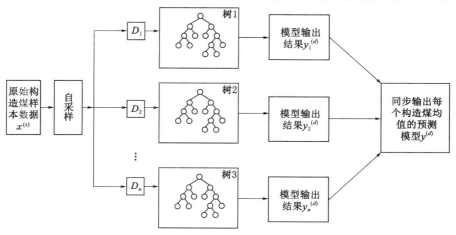

图 7-2　多目标随机森林模型结构

个输入变量 $x^{(s)}$ 组成,在预测模型中输入的是煤层属性数据;y 由 n 个目标变量 $y^{(d)}$ 组成,在预测模型中输出多个构造煤厚度。回归随机森林的目标是学习给出输入的模型 $f:X\rightarrow Y$,得到最接近真实输出 y 的输出向量 $\hat{y}=f(x)$。

7.2 改进的鲸鱼优化算法

元启发式算法是受到自然行为及社会行为的启发,用于求解工程优化问题的智能优化算法。这些元启发式算法的目的是得到问题的最优解或者接近最优解的一个可行解。在自然界的启发下,出现了多种多样的启发式算法,启发主要来源于三种:基于物理的,基于进化的,基于群体的。比如热交换优化算法模拟了热交换等物理定律,遗传算法模拟了达尔文的进化论,蚁群算法模拟了蚂蚁的社会行为,灰狼优化算法模拟了狼群的捕猎行为等。鲸鱼优化算法就是一种模拟座头鲸捕猎行为的优化算法。基于群体的算法无论是模拟了何种生物行为,都存在一个共同性质,即寻找最优的过程可以分为勘探和开采过程。勘探指跳出局部最优的过程,开采指在勘探的区域内达到区域内最优的过程。

7.2.1 鲸鱼优化算法

鲸鱼优化算法是受座头鲸搜寻猎物方式启发的一种元启发式算法。座头鲸在捕食鱼类的过程中,会在猎物周围制造一个泡泡网,这个泡泡网以螺旋的方式游向水表面,包围住猎物。WOA 的过程即为寻找猎物,包围猎物,然后追捕猎物。

与当前流行的元启发式算法相比,鲸鱼优化算法在搜索空间的勘探和开采能力上,都具有很强的竞争力,同时算法的收敛速度相较于其他优化算法也具有优势。目前 WOA 已经应用于许多领域,包括经济调度、数值优化、生物信息中的预测问题等(Qais et al. ,2020)。

鲸鱼优化算法的核心思想是首先初始化搜索代理,之后有 50% 概率以螺旋的方法靠近目前最优的搜索代理,然后 50% 概率来收缩包围场上的搜索代理。其中在收缩包围的前半部分,随机地选择是进行勘探还是开采:勘探即随机搜索场上的搜索代理,以此进行全局搜索;开采即包围最优的搜索代理,后半部分则只选择包围靠近最优的搜索代理,以此进行局部开采。

鲸鱼优化算法的搜索代理主要使用三种行为去搜寻猎物:环绕包围狩猎、随机搜索狩猎、螺旋轨迹狩猎,算法中使用变量 $|A|$ 来判断搜索代理的搜寻方式

是环绕包围狩猎还是随机搜索狩猎。原始的 WOA 的一般步骤如下：设 X 为 n 维的搜索代理 $X(t) = (X_1, X_2, \cdots, X_n)$，其中 t 表示当前的迭代次数，设每轮迭代中最优的搜索代理为 $X^*(t)$。每轮迭代，搜索代理都通过 p 值和 $|A|$ 来选择不同的狩猎方式，p 为 $[0,1]$ 之间的随机数。$|A|$ 的更新方式如下：

$$A = 2a \cdot r - a \tag{7-18}$$

$$C = 2r \tag{7-19}$$

$$a = 2\left(1 - \frac{t}{t_{\max}}\right) \tag{7-20}$$

式中，a 表示 2→0 呈线性变化的值，r 为 $[0,1]$ 之间的随机数，$t_{\max}$ 为最大迭代数。

下面分别介绍上述三种狩猎方式：

（1）环绕包围狩猎。此时满足 $|A| < 1$ 条件，在一组搜索代理中，选择最优的搜索代理 X^* 作为最佳狩猎目标，剩余的搜索代理会通过不断靠近该最优值来更新自身的位置，如图 7-3 所示。搜索代理的更新公式如下：

$$D = |C \cdot X^*(t) - X(t)| \tag{7-21}$$

$$X(t+1) = X^*(t) - A \cdot D \tag{7-22}$$

式中，t 为迭代次数；X 为当前搜索代理的位置。

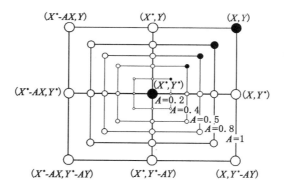

图 7-3　环绕包围猎物过程

（2）随机搜索狩猎。此时满足 $|A| \geqslant 1$ 条件，在当前的一组搜索代理中选择一个搜索代理 X_{rand} 作为目标点来更新其他搜索代理的位置，如图 7-4 所示。搜索代理更新公式如下：

$$D = |C \cdot X_{\text{rand}} - X(t)| \tag{7-23}$$

$$X(t+1) = X_{\text{rand}} - A \cdot D \tag{7-24}$$

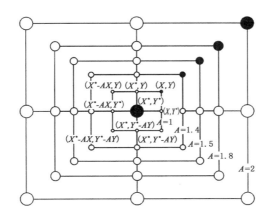

图 7-4　随机搜索狩猎过程

（3）螺旋轨迹狩猎。当搜索代理在前往搜索当前最佳狩猎目标时,会根据目标搜索代理所处位置,以一个螺旋路径作为搜索代理的运动轨迹来捕捉猎物,如图 7-5 所示。搜索代理更新公式如下：

$$D = \left| X^*(t) - X(t) \right| \tag{7-25}$$

$$X(t+1) = X^*(t) + D \cdot e^{bl} \cdot \cos(2\pi l) \tag{7-26}$$

式中,l 为[-1,1]之间的随机数;b 为调谐参数,建议为 1。

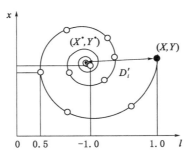

图 7-5　螺旋轨迹狩猎过程

鲸鱼优化算法的一般步骤为：

（1）初始化。随机生成一组搜索代理,初始化搜索代理个数 num_particle、迭代次数 t_{max} 以及参数 b。

（2）依据式（7-20）更新参数 a,然后依据式（7-18）计算 $|A|$ 值,根据 p 值,鲸鱼优化算法随机地选择螺旋轨迹狩猎或收缩包围猎物。当选择螺旋轨迹狩猎,

转向步骤(3);当选择收缩包围猎物,转向步骤(4)。

(3)螺旋轨迹狩猎。依据全局最优搜索代理的位置,通过式(7-25)和式(7-26)更新所有的搜索代理,转向步骤(5)。

(4)收缩包围猎物。判断$|A|$值,当$|A| < 1$,依据全局最优搜索代理的位置,通过式(7-21)和式(7-22)更新所有的搜索代理,反之依据随机的一个搜索代理的位置,通过式(7-23)和式(7-24)更新所有的搜索代理。

(5)判断迭代次数,如未满足,继续步骤(2)。

虽然原始算法较其他一些算法已经达到了更好的预测效果,但这是基于鲸鱼算法牺牲了一部分全局勘探能力,以此换取更强大的局部开采能力。对于如何平衡算法勘探和开采能力的比例,始终是许多学者遇到的挑战。原始算法中变量A的线性降低导致此算法的全局勘探能力和局部开采能力受限,算法本身在勘探和开采的能力上也需要提升。在勘探阶段,使用随机的搜索代理,虽然增强了全局勘探能力,但是也更容易浪费搜索能力的资源,并且搜索代理搜索的浮动范围较低,降低了搜索代理的全局勘探能力。同时,在开采阶段中的螺旋狩猎过程中,搜索代理更新位置的方式也不够优秀。

7.2.2　改进方法

鲸鱼优化算法首先维护一组搜索代理,每个搜索代理自由选择是收缩包围猎物还是螺旋靠近猎物。考虑算法收缩包围猎物情况,此时根据$|A|$值,搜索代理选择包围捕食或搜索猎物。$|A| > 1$时,搜索代理选择在全场搜索猎物,尽可能地依靠任意一个搜索代理来拓宽搜索范围。$|A| < 1$时,所有搜索代理选择包围捕食当前全场最大的猎物。在这种策略下,显然$|A|$值的改变决定着搜索代理行为的改变,$|A|$值不同的下降方式会改变搜索代理各种行为所占的比例。而$|A|$值是由a来决定的,也就是鲸鱼优化算法的勘探和开采能力的比例是由a来决定的。

本书对传统的 WOA 进行了改进。传统的 WOA 算法面临着全局搜索能力较弱、搜索方式不够优秀的问题,同时算法的整体收敛速度也较慢。为解决上述不足,本书提出一种改进的鲸鱼优化算法,即非线性收敛的增强鲸鱼优化算法(non-liner Enhanced Whale Optimization Algorithm,NEWOA)。

原始算法中a_1的更新方式是$2 \rightarrow 0$的线性降低方式。这种方式使得搜索代理的开采能力很强但是勘探能力较弱,优化函数易停滞在局部。改进算法首先通过将原始算法中变量a的线性降低方式改变为非线性降低方式,重新分配算法勘探和开采能力的比例,提高算法在勘探上所花费的资源,旨在提高算法整体的全局勘探能力。

$$a_1 = 2\left(1 - \frac{e^{\frac{t}{t_{\max}}} - 1}{e - 1}\right) \tag{7-27}$$

a_1 的更新函数的曲线如图 7-6 所示。

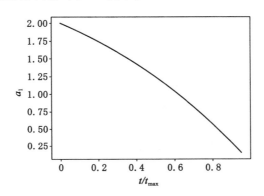

图 7-6   因子更新曲线

如图 7-6 所示,a_1 随着迭代次数的增加,呈现的是一个凸的曲线弧,也就是 a_1 的更新函数是一个凸函数。改进前当 $t/t_{\max} \in [0,0.5]$ 时,a 的变化范围是 $2 \rightarrow 1$,A 的范围从 $[-2,2]$ 变为 $[-1,1]$,此时 3 种狩猎方式都可能发生,算法既可能勘探,也可能开采。当 $t/t_{\max} \in [0.5,1]$,a 的变化范围是 $1 \rightarrow 0$,A 的范围从 $[-1,1]$ 变为 $[-0,0]$,此时算法只可能发生包围捕食和螺旋捕食这两种狩猎方式,算法不再进行未知空间的勘探,开始在现有的已经勘探过的空间附近进行细致的开采。

而改进后的算法只有当 $t/t_{\max} \in \left[0, \ln\frac{e+1}{2}\right]$,约为 $[0,0.62]$ 时,a 的变化范围才是 $2 \rightarrow 1$,A 的范围从 $[-2,2]$ 变为 $[-1,1]$,此时算法相比未改进的算法,会有更长时间运行三种狩猎方式,也就是搜索代理有更多的时间来进行未知空间的勘探。当 $t/t_{\max} \in \left[\ln\frac{e+1}{2}, 1\right]$,$a$ 的变化范围是 $1 \rightarrow 0$,A 的范围从 $[-1,1]$ 变为 $[-0,0]$,此时算法相比未改进的算法,会有较少时间运行包围捕食和螺旋捕食这两种搜索方式。上述的改进符合鲸鱼优化算法的优缺点:具有较强的局部开采能力,但易在局部就停滞了,未能突破当前的搜索空间。

其次主要对算法中搜索代理的随机搜索狩猎和螺旋轨迹狩猎这两部分进

行改进,下面介绍这两种狩猎方式的改进方案:

(1)随机搜索狩猎的改进。此时满足 $|A| \geqslant 1$ 条件,在当前的一组搜索代理中选择最佳的搜索代理 X^*,以此作为目标点来更新其他搜索代理的位置,搜索代理更新公式如下:

$$D = |X^*(t) - X(t)| \tag{7-28}$$

$$X(t+1) = X^*(t) + D \cdot e^{bl} \cdot \cos(2\pi l) \tag{7-29}$$

其中:

$$b = \mathrm{rand}\, i(500) \tag{7-30}$$

$$l = (a_2 - 1) * \mathrm{rand} + 1 \tag{7-31}$$

$$a_2 = -1 - \frac{t}{t_{\max}} \tag{7-32}$$

在改进中,首先不再使用任意的搜索代理,而是利用当前最优的搜索代理进行更新,同时用余弦函数和 e^{bl} 取代原来的 A,并扩大参数范围。

函数表面上与原始算法中螺旋轨迹狩猎的表达一样,但最大的区别在于添加了一个变量 a_2 以及改变了原始算法中 b 和 l 的取值范围。可以看到改进算法中 a_2 的变化范围为 $-1 \rightarrow -2$,l 的取值范围为 $[-2, 1]$,则 e^{bl} 的取值范围为 $[e^{-1\,000}, e^{500}]$,算法中主要就是通过 e^{bl} 来扩大搜索范围,使得该公式能在当前最优搜索代理的极大范围内搜寻目标。经测试,搜寻范围高于原始算法中随机搜索狩猎的范围,即 X 的位置变动浮动更大,这种搜寻方式可以替代原始算法中随机搜索狩猎的方式,获得更强的全局勘探能力。这里算法勘探的改进与一般的直觉违背,采用的是当前最佳的搜索代理。原始算法正是因为采用了随机搜索代理,使得算法很多的搜索能力资源被浪费了,搜索代理去勘探了很多无价值区域。这里采用全局最佳搜索代理更新,并使用其他参数来控制搜索代理进行全局勘探,提高了搜索能力资源的利用率,并扩大了搜索范围。原始算法可以形象地表示为"在不一定正确的道路上犹豫地前进",而改进的算法可以形象地表示为"在大概率正确的道路上大胆地探索",算法也因此获得了更强的勘探能力。

(2)螺旋轨迹狩猎的改进。当搜索代理在前往当前最佳狩猎目标时,搜索代理更新公式如下:

$$D = C \cdot X^*(t) - X(t) \tag{7-33}$$

$$X(t+1) = X^*(t) - D\cos(2\pi l) \tag{7-34}$$

在改进中,去掉了原始公式中的绝对值,添加了参数 C,并且在搜索代理的

更新公式中去掉了 e^μ。在这里绝对值和 e^μ 是可有可无的,对算法优化影响不大,因为本身 $\cos(2\pi l)$ 也带有正负,使得等式后半部分具有正负的区别,且原始公式中 e^μ 的范围是 $[e^{-1}, e]$,又有 C 随机性的存在,因而可以删去,使算法表达更加简洁。但 C 的添加与否极大地影响了算法的搜索能力,未添加 C 的算法极易在很多情况下停滞在局部,优化效果较差。

从上述改进的公式可知,两种搜索的途径已经与原来完全不同了,改进的随机搜索狩猎反而更像原始算法中的螺旋轨迹狩猎,但是改进的狩猎方式依然保留原始算法搜寻猎物的本质,即随机搜索狩猎是对整个参数空间进行搜索,是在未知的空间中进行勘探,代表的是算法的全局勘探能力,而螺旋轨迹狩猎是对已经勘探过的参数空间进行更细致的搜索,是在已经勘探过的空间进行开采,代表的是算法的局部开采能力。

改进的鲸鱼优化算法的具体步骤为:

(1)初始化。随机生成一组搜索代理,初始化搜索代理个数 num_particle 和迭代次数 $t_{\max}$。

(2)根据公式(7-27)更新参数 a_1,计算 $|A|$ 值,根据 p 值,鲸鱼优化算法随机选择螺旋轨迹狩猎或收缩包围猎物。当选择螺旋轨迹狩猎,转向步骤(3);当选择收缩包围猎物,转向步骤(4)。

(3)螺旋轨迹狩猎。在式(7-31)基础上,计算 l,然后依据全局最优搜索代理的位置,通过式(7-33)和式(7-34)更新所有的搜索代理,转向步骤(5)。

(4)收缩包围猎物。判断 $|A|$ 值,当 $|A|<1$,依据全局最优搜索代理的位置,通过式(7-33)和式(7-34)更新所有的搜索代理,反之则在式(7-30)、式(7-31)、式(7-32)的基础上,计算 a_2、b 以及 l,然后通过式(7-28)和式(7-29)更新所有的搜索代理,转向步骤(5)。

(5)判断迭代次数,如未满足,继续步骤(2)。

如图 7-7 所示为算法流程图。

7.2.3 实验测试

为了验证改进的鲸鱼优化算法的竞争力和收敛效果,将改进的鲸鱼优化算法应用于 3 个经典的基准函数:Ackley 函数、Rosenbrock 函数、Penalized 函数。实验算法选取传统的粒子群算法(PSO)、传统的鲸鱼优化算法(WOA)、多策略集成鲸鱼优化算法(MSWOA)、增强鲸鱼优化算法(EWOA)同本书提出的非线性收敛的增强鲸鱼优化算法(NEWOA)进行对比实验。

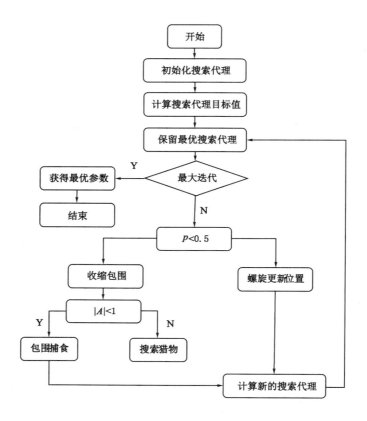

图 7-7 搜索代理寻优流程

MSWOA 的主要思想是：首先，采用混沌初始化策略提高初始种群的质量。然后，设计了一种改进的随机搜索机制，减少了搜索阶段的盲目性，加快了收敛速度。另外，利用 Levy 飞行策略对原螺旋更新位置进行了修正，使得局部搜索和全局搜索得到更好的折中。最后，利用一种改进的位置修正机制来改进探索。

EWOA 则将 3 种狩猎方式改进为两种，只依靠 p 来判断搜索代理的狩猎方式，不再依靠 A 来进行判断，并改进了勘探和开采的方式，简化了算法流程。

其中 3 个基准函数的表达式为：

（1）Ackley 函数

$$f(x) = -20\exp\left(-0.2\sqrt{\sum_{i=1}^{n}(x_i^2/n)} - \exp\{\sum_{i=1}^{n}[\cos(2\pi x_i)/n]\}\right) + 20 + \mathrm{e},$$

$$|x_i| \leqslant 32 \tag{7-35}$$

函数满足 $\min[f(x^*)] = f(0,0,\cdots,0) = 0$

（2）Rosenbrock 函数

$$f(x) = \sum_{i=1}^{n-1} [100(x_{i+1} - x_i^2)^2 + (1-x_i)^2], |x_i| \leqslant 30 \tag{7-36}$$

函数满足 $\min[f(x^*)] = f(1,1,\cdots,1) = 0$

（3）Penalized 函数

$$f(x) = \frac{\pi}{n}\left(10\sin^2(\pi y_1) + \sum_{i=1}^{n-1}\{(y_i-1)^2[1+10\sin^2(\pi y_{i+1})]\} + (y_n-1)^2\right),$$

$$|x_i| \leqslant 50 \tag{7-37}$$

函数满足 $\min[f(x^*)] = f(1,1,\cdots,1) = 0$

5 种优化算法的初始参数均设置种群数量 num_particle 为 30 个，迭代数 $t_{\max}$ 为 500，3 种函数维度分别设置为 6，6，20。WOA 及其改进算法的其他参数使用算法本身推荐的默认参数，PSO 的其他参数也使用默认参数。为使结果更加准确，也更有说服力，分别用 5 种优化算法对 3 个基准函数各自运行 20 次，以减少结果误差。

表 7-1 所示为 5 种优化方法优化 Ackley 函数的结果。从表中可以看出，相对 WOA 系列算法而言，传统的 PSO 在 Ackley 函数上的寻优表现较差，相差 4~5 个数量级左右。WOA 的改进算法 MSWOA、EWOA 和 NEWOA 在 Ackley 函数上预测性能较好，20 次运行最终都收敛到 4.44E-16。而 WOA 较于自身 3 种改进方法，在稳定性上表现不够出色，但最终结果仍优于 PSO。

表 7-1 优化算法优化 Ackley 函数的对比结果

序号	PSO	WOA	MSWOA	EWOA	NEWOA
1	5.33E-11	3.99E-15	4.44E-16	4.44E-16	4.44E-16
2	3.16E-11	3.99E-15	4.44E-16	4.44E-16	4.44E-16
3	4.16E-11	3.99E-15	4.44E-16	4.44E-16	4.44E-16
4	5.87E-12	3.99E-15	4.44E-16	4.44E-16	4.44E-16
5	1.02E-11	4.44E-16	4.44E-16	4.44E-16	4.44E-16
6	2.53E-11	3.99E-15	4.44E-16	4.44E-16	4.44E-16
7	5.48E-11	3.99E-15	4.44E-16	4.44E-16	4.44E-16
8	4.13E-11	3.99E-15	4.44E-16	4.44E-16	4.44E-16

表 7-1(续)

序号	PSO	WOA	MSWOA	EWOA	NEWOA
9	8.35E-12	7.54E-15	4.44E-16	4.44E-16	4.44E-16
10	1.84E-10	4.44E-16	4.44E-16	4.44E-16	4.44E-16
11	2.42E-11	3.99E-15	4.44E-16	4.44E-16	4.44E-16
12	9.09E-11	4.44E-16	4.44E-16	4.44E-16	4.44E-16
13	2.01E-11	4.44E-16	4.44E-16	4.44E-16	4.44E-16
14	1.56E-11	7.54E-15	4.44E-16	4.44E-16	4.44E-16
15	5.92E-12	7.54E-15	4.44E-16	4.44E-16	4.44E-16
16	1.89E-10	4.44E-16	4.44E-16	4.44E-16	4.44E-16
17	1.28E-10	3.99E-15	4.44E-16	4.44E-16	4.44E-16
18	9.06E-11	3.99E-15	4.44E-16	4.44E-16	4.44E-16
19	1.84E-11	3.99E-15	4.44E-16	4.44E-16	4.44E-16
20	4.52E-12	4.44E-16	4.44E-16	4.44E-16	4.44E-16
方差	5.51E-11	2.32E-15	0	0	0
最差值	1.89E-10	7.54E-15	4.44E-16	4.44E-16	4.44E-16
最优值	4.52E-12	4.44E-16	4.44E-16	4.44E-16	4.44E-16
平均值	5.22E-11	3.46E-15	4.44E-16	4.44E-16	4.44E-16

表 7-2 所示为 5 种优化方法优化 Rosenbrock 函数的结果。相较两种 WOA 的改进算法 EWOA 和 NEWOA,传统的 WOA 和 PSO 以及 WOA 的改进算法 MSWOA 都在该函数下表现不佳,无论是预测偏差还是方差都偏离较远。而 EWOA 的最差值为 1.314 268,说明 EWOA 算法不够稳定。本书提出的 NEWOA 算法在 20 次运行下方差为 0.052 126,平均值为 0.032 206,在搜索空间的勘探和开采能力上为 5 种方法中最优。

表 7-2 优化算法优化 Rosenbrock 函数的对比结果

序号	PSO	WOA	MSWOA	EWOA	NEWOA
1	2.778 635	1.813 005	0.841 676	1.314 268	0.007 553
2	0.630 776	1.485 974	1.161 331	0.060 372	0.017 982
3	1.032 567	2.325 519	1.195 102	0.023 146	0.006 435
4	1.038 803	1.776 537	0.739 919	0.314 362	0.000 521

表 7-2(续)

序号	PSO	WOA	MSWOA	EWOA	NEWOA
5	1.214 711	0.426 303	1.230 661	0.000 483	0.012 369
6	0.737 171	2.566 650	1.036 864	0.049 895	0.103 311
7	0.983 701	2.228 566	1.243 935	0.002 971	2.59E-05
8	1.220 215	1.705 874	0.922 552	0.008 371	0.083 042
9	1.210 499	1.574 335	1.004 942	0.000 465	0.000 477
10	0.951 952	1.951 965	1.097 087	0.079 722	0.015 407
11	1.485 470	2.098 206	0.775 706	0.016 627	0.022 729
12	1.179 565	2.266 303	0.811 330	0.289 780	0.219 572
13	22.187 83	2.278 585	0.922 851	0.001 482	0.039 187
14	0.010 818	1.617 242	0.968 139	0.002 531	0.040 505
15	0.549 919	2.565 440	0.881 813	0.000 503	0.002 855
16	1.339 450	2.873 787	0.876 009	0.003 317	6.79E-05
17	1.299 047	3.867 706	1.118 400	0.118 498	0.000 245
18	0.948 041	2.633 785	0.971 515	0.000 541	0.002 521
19	0.916 503	1.433 955	0.844 565	0.091 462	0.000 137
20	0.337 556	1.584 271	1.215 212	0.075 269	0.069 172
方差	4.638 008	2.053 701	0.156 979	0.287 267	0.052 126
最差值	22.187 83	3.867 706	1.243 935	1.314 268	0.219 572
最优值	0.010 818	0.426 303	0.739 920	0.000 465	0.000 026
平均值	2.102 662	2.053 701	0.992 981	0.122 704	0.032 206

　　表 7-3 所示为 5 种优化方法优化 Penalized 函数的结果,这里设定的 Penalized 函数的维度为 20,可以分析 5 种优化方法处理高维数据情况下的表现。从表中可以看出,传统的 WOA 和 PSO 以及 MSWOA 在处理高维函数时,表现比较接近,3 种算法 20 次运行的平均值都在 0.02,其中 MSWOA 具有最低的方差。同时,NEWOA 在方差和均值方面均优于 EWOA,说明 NEWOA 在高维度数据下仍具有较强竞争力。

表 7-3 优化算法优化 Penalized 函数的对比结果

序号	PSO	WOA	MSWOA	EWOA	NEWOA
1	0.000 234	0.002 731	0.038 607	0.000 433	0.001 688
2	0.000 014	0.003 461	0.068 585	0.000 160	0.000 375
3	0.000 153	0.033 781	0.029 814	1.26E-05	0.000 309
4	0.000 021	0.012 977	0.019 819	0.000 444	0.000 405
5	0.000 012	0.008 860	0.019 660	1.88E-06	0.001 909
6	0.000 005	0.005 882	0.009 826	0.000 265	0.000 210
7	0.000 015	0.012 040	0.039 238	2.52E-06	0.000 163
8	0.000 066	0.018 902	0.020 245	2.44E-05	0.000 291
9	0.000 018	0.026 634	0.019 818	0.005 247	7.53E-05
10	0.000 315	0.012 548	0.000 264	0.000 898	0.000 153
11	0.155 506	0.004 128	0.029 583	5.58E-05	0.000 396
12	0.000 007	0.013 733	0.029 711	1.45E-06	0.001 418
13	0.000 008	0.013 215	0.019 844	0.006 622	0.000 112
14	0.000 016	0.012 824	0.012 096	0.000 352	0.000 534
15	0.311 032	0.018 406	3.12E-06	0.000 522	0.000 384
16	0.000 022	0.003 993	0.044 211	0.000 630	6.19E-06
17	0.000 068	0.009 855	0.016 811	0.000 420	0.000 402
18	0.000 347	0.010 317	0.029 035	0.000 603	7.56E-05
19	0.000 149	0.005 966	0.010 134	0.001 841	0.000 193
20	0.000 004	0.167 477	0.001 205	0.003 245	4.25E-05
方差	0.074 152	0.034 705	0.016 236	0.001 792	0.000 535
最差值	0.311 032	0.019 887	0.068 586	0.006 623	0.001 910
最优值	0.000 004	0.002 731	0.000 003	0.000 001	0.000 006
平均值	0.023 401	0.019 887	0.022 926	0.001 089	0.000 458

由上述分析可知,本书提出的改进的 WOA 方法 NEWOA 在 3 种函数上都有较优的表现。在此基础上,为了验证 NEWOA 优化算法的性能和收敛速度,将优化算法分别在这 3 个基准函数上优化 20 次,统计 20 次优化的时间,如表 7-4所示。

表 7-4　优化算法优化 20 次的时间　　　　　　　　　单位:s

函数	Ackley 函数	Rosenbrock 函数	Penalized 函数
PSO	15.600 18	12.618 42	27.909 26
WOA	5.540 130	5.370 634	6.325 058
MSWOA	10.404 14	10.296 55	10.700 52
EWOA	5.796 627	5.683 788	6.649 213
NEWOA	6.311 140	6.244 411	7.236 637

NEWOA 在公式上借鉴了 EWOA,但遵从的是 WOA 的形式,并改变了收敛方式,最终运算时间稍多于 WOA 和 EWOA ,但远少于 PSO 和 MSWOA;同时横向比较可知,WOA 系列算法的运算时间受函数本身复杂程度和寻优维度的影响较小,而 PSO 算法的运行时间与函数的复杂程度和寻优维度显著成正比。

5 种优化算法优化 3 个基准函数的收敛曲线分别如图 7-8、图 7-9 和图 7-10 所示,共迭代 500 轮次。为了更清晰地显示各个算法的收敛性能,图 7-9 和图 7-10 是截取收敛曲线差距较为明显的部分。

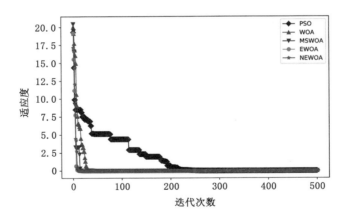

图 7-8　优化算法在 Ackley 函数上的收敛曲线

从图 7-8 中可以看出,PSO 在 Ackley 函数上收敛速度明显低于 WOA 系的 4 种算法,WOA 系在 25 轮次左右已经全部收敛于 0 附近,而 PSO 直到 200 轮次才收敛到 0 附近,且最终也未达到 WOA 系 3 种算法的收敛值;同时曲线突然下降的次数过多,表明 PSO 容易停滞于局部最优解,而且 WOA 系的算法是具有竞争力的。

图 7-9 是主要截取了 5 种算法收敛曲线比较明显的轮次区间 100～300,图中表明 WOA 的 3 种改进算法都较早收敛到 0 附近,而两种传统算法在 100 轮次后收敛速度才比较迅速,慢慢收敛到 0 附近,PSO 较多的突然下降依然表明其容易停滞在局部最优解。在该函数下,NEWOA 最终收敛值最接近 0。

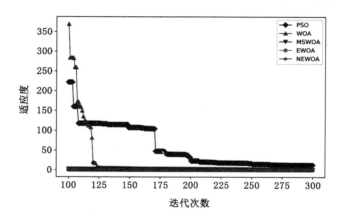

图 7-9   优化算法在 Rosenbrock 函数上的收敛曲线

图 7-10 是截取了最后一部分的轮次区间 350～500,图中表明在高维的 Penalized 函数下,EWOA 和 NEWOA 具有更优的收敛性能,而其他算法易收敛到局部最优点,说明改进的 NEWOA 优化算法在高维函数下仍具有竞争力。

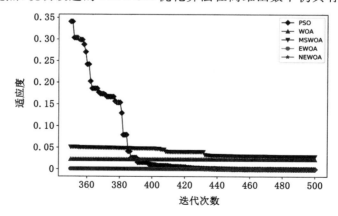

图 7-10   优化算法在 Penalized 函数上的收敛曲线

本书通过构建回归随机森林模型对多种类型的构造煤厚度进行同步预测，参数的优选对于随机森林模型的预测效果有着重要的作用。鲸鱼优化算法是一个新颖的优化算法，通过对鲸鱼优化算法进行改进，提升了其优化效果。使用改进的鲸鱼优化算法对回归随机森林模型的参数进行寻优，可以达到更好的预测效果，获得更加准确的多种类型构造煤的厚度，以此预防瓦斯突出问题。

7.3　鲸鱼优化算法优化随机森林模型

7.3.1　参数选择

在机器学习过程中，为了提高学习性能和学习效果，需要对参数进行优化，并为学习者选择一组最优的参数。在随机森林中，模型参数对模型的影响是：为了提高预测精度和控制过拟合，使用个体模型的最大深度和叶子节点最小样本数来阻止过度分裂，同时，评估的精度对个体模型的数目敏感，如果个体模型的数目太少，很容易使模型拟合不足；相反，更多的个体模型可能会增加计算负载，在适当的数目下，模型达到近似稳态。回归随机森林模型主要需要优化的参数有：个体模型个数、最大深度、分裂所需最小样本数、叶子节点最小样本数、待选特征分裂取值个数、分裂标准的次方值。

在多目标随机森林中，分裂标准的次方值指的是杂质衡量中多个目标的次方误差之和。在单目标下，采取的是平方误差之和，但在多目标情况下，考虑到节点中各个目标与对应平均值之间具有差异，选取不同的指数，会影响最终的预测结果，故该值也加入优化中。

7.3.2　模型构建

构建鲸鱼优化算法优化随机森林的构造煤厚度预测模型的一般步骤如图7-11 所示。

在构建鲸鱼优化算法优化随机森林的构造煤厚度预测模型之前，需要获取实验所需数据。煤层数据通过正演模拟提取，获得无噪声的正负相位模拟数据，之后对数据添加噪声，获得含噪声的正负相位模拟数据，共 4 份数据。添加噪声的主要原因是因为在实际的煤矿勘探中收集煤层属性数据时，很可能会被外界因素干扰，收集到的数据特征值或多或少包含一些噪声，通过对模拟数据添加噪声，更符合现实情况下收集煤矿数据的特点，使模型的最终结果更加准确。

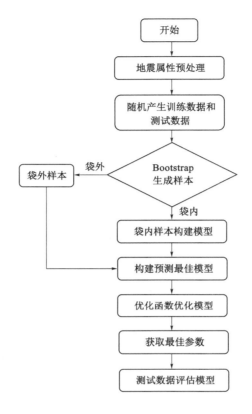

图 7-11　模型预测流程图

由于原始地震属性数据维度较高,同时包含部分不相关数据,所以需要对原始数据进行处理。首先去除数据中与构造煤厚度无关特征,主要是特征值随构造煤厚度改变而不变的属性,之后在处理中主要采用了主成分分析方法。PCA 是一种线性降维方法,PCA 的主要优点就是可以使降维后的特征不相关,同时降低数据噪声,主要有以下步骤:

(1)中心化煤层属性数据,计算处理后数据的协方差矩阵。

(2)通过特征值分解得到前 K 大的特征值,并利用对应的特征向量构成一个特征向量矩阵。

(3)通过组成的特征向量矩阵与原始煤层数据形成的矩阵进行运算得到所需的 K 维处理后的样本数据。

模型训练前,需要将数据划分为训练集和测试集,以测试模型的拟合性。

训练集占总体 2/3,测试集占 1/3。

构造个体模型前,通过 Bootstrap 方法将训练数据分成袋内样本和袋外样本,袋内样本用于构建模型,袋外样本用于衡量个体模型的权重。

个体模型的构建方式:特征权重依赖于此时样本内属性与目标之间的关联性,通过 RReliefF 算法计算特征属性与目标预测值之间的相关性作为权重,在多目标情况下,通过所有目标预测值之和来衡量目标最终的预测值,权重越高,特征属性在个体模型训练过程中被选取概率越大,权重越低,选取概率越小。赋予权重后,按概率选取部分特征,之后在个体模型的一个节点上,计算每个被选择特征的各个取值的信息增益值。在多目标情况下,选择多个目标的信息增益值总和,以此联系多个目标之间的相关性,选择让计算结果达到最大的特征和特征取值,通过该特征和特征取值分裂节点。父节点上煤层数据划分为两份,生成两个子节点,然后继续在生成的两个子节点上执行同样的算法,直到满足条件,则个体模型停止分裂。每一个个体模型在相同分布的不同数据上以同样的方式进行构建。

每个个体模型构建结束后,通过模型对应的袋外样本对个体模型进行权重计算。具体而言,权重数值就是归一化后的个体模型在袋外数据上均方根误差的倒数,集成模型的输出依赖于每个个体模型的输出及其在对应的袋外样本上的预测精度,最终采用的是加权输出。

构建完集成模型后,通过非线性收敛的增强鲸鱼优化算法对模型参数进行优化,每个集成模型的函数都作为一个搜索代理,通过环绕包围狩猎、随机搜索狩猎、螺旋轨迹狩猎这三种捕猎方式对给定的参数空间进行搜索,选取得到集成模型的最优模型参数。之后通过优化后的最优模型参数构建最终的构造煤厚度预测模型,利用测试数据对模型进行评估,评估的指标为均方根误差 RMSE 和决定系数 R^2。均方根误差越低,决定系数越高,说明模型的拟合程度越好,预测精度越高。

7.3.3　实验测试

使用 2.1 节构建的构造煤模型进行模型实验测试。NEWOA 算法中,搜索代理个数 num_particle 为 20,迭代次数 t_{max} 为 50 次。搜索空间包括个体模型个数、最大深度、分裂所需最小样本数、叶子节点最小样本数、待选特征分裂取值个数。性能评价指标选择均方根误差 RMSE 和决定系数 R^2。

无噪声正负相位地震属性数据经过主成分分析方法降维后均获得了 5 个

主成分。通过回归随机森林预测模型对降维后的数据进行训练。测试集的预测结果如图 7-12～图 7-14 所示。

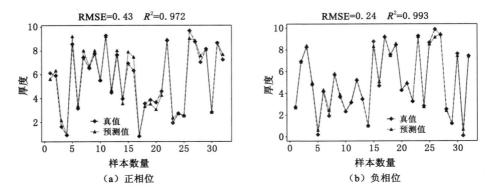

（a）正相位 （b）负相位

图 7-12　主成分分析方法处理无噪声正负相位数据预测结果

由图 7-12 可见,经过主成分分析方法处理后,无噪声正相位的地震属性数据在回归随机森林的构造煤厚度预测模型上 R^2 为 0.972,均方根误差为 0.43;无噪声负相位数据 R^2 为 0.993,均方根误差为 0.24。可见,经过 PCA 处理后的无噪声数据,无论是正负相位都具有较好的预测结果。

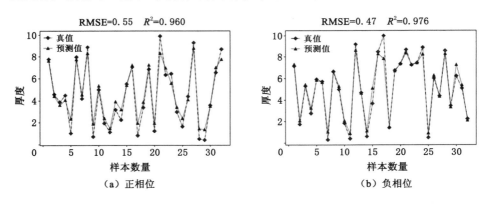

（a）正相位 （b）负相位

图 7-13　局部线性嵌入处理无噪声正负相位数据预测结果

由图 7-13 可知,在局部线性嵌入降维方式下,无噪声正相位的地震属性数据 R^2 为 0.960,均方根误差为 0.55;无噪声负相位的地震属性数据 R^2 为 0.976,均方根误差为 0.47。可以看出,局部线性嵌入处理后的负相位地震属性数据在模型下的预测精度较 PCA 下降较为明显。

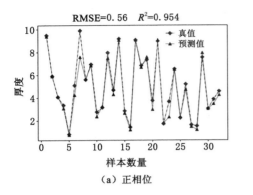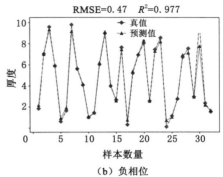

（a）正相位　　　　　　　　　　　（b）负相位

图 7-14 多维尺度变换处理无噪声正负相位数据预测结果

由图 7-14 可知，在多维尺度变换降维方式下，无噪声正相位的地震属性数据 R^2 为 0.954，均方根误差为 0.56；无噪声负相位的地震属性数据 R^2 为 0.977，均方根误差为 0.47。可以看出，多维尺度变换处理后的正负相位地震属性数据的预测精度较 PCA 均下降较为明显。

在此基础上，对添加噪声的地震属性数据进行训练。含噪声的正负相位地震属性数据经过 PCA 处理后正相位获得 8 个主成分，负相位获得 6 个主成分。模型预测结果如图 7-15 所示。

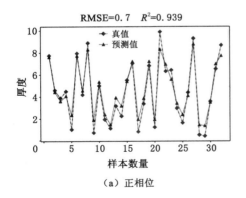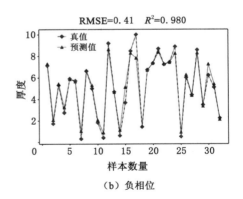

（a）正相位　　　　　　　　　　　（b）负相位

图 7-15 主成分分析方法处理含噪声正负相位数据预测结果

由图 7-15 可知，含噪声正相位的地震属性数据在回归随机森林的构造煤厚度预测模型上 R^2 为 0.939，均方根误差为 0.7；含噪声负相位地震属性数据 R^2 为 0.980，均方根误差为 0.41。可以看出，PCA 对添加噪声后的构造煤属性数据处理后,模型较无噪声情况下的预测精度略有下降,但仍具有较好的预测精度。

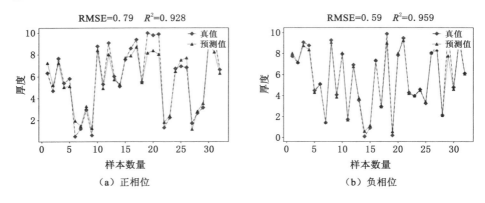

图 7-16　局部线性嵌入处理含噪声正负相位数据预测结果

由图 7-16 可知,在局部线性嵌入降维方式下,含噪声的正相位地震属性数据 R^2 为 0.928,均方根误差为 0.79;含噪声的负相位地震属性数据 R^2 为 0.959,均方根误差为 0.59。可以看出,相较 PCA 的处理,局部线性嵌入处理后的正相位地震属性数据在模型下的预测精度变化幅度不大,负相位地震属性数据的预测精度下降较为明显。

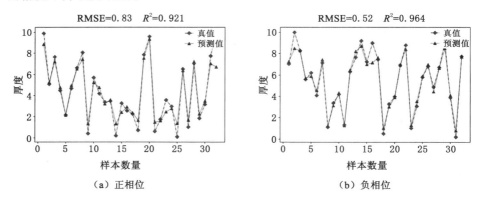

图 7-17　多维尺度变换处理含噪声正负相位数据预测结果

由图 7-17 可知,在多维尺度变换降维方式下,含噪声的正相位的地震属性数据 R^2 为 0.921,均方根误差为 0.83;含噪声负相位地震属性数据 R^2 为 0.964,均方根误差为 0.52。可以看出,相较 PCA 的处理,多维尺度变换处理后的正负相位地震属性数据在模型上的预测精度均下降较为明显。

通过对比上述 3 种降维方法在 4 种数据下的预测情况,可以得到以下结论:模型在 3 种降维方法处理后的无噪声地震属性数据上均具有较高的预测精度,对于无噪声的负相位地震属性数据,PCA 相较其他两种方法具有较为明显的优势;而对于含噪声地震属性数据,PCA 在负相位地震属性数据上的预测精度具有更大优势。

无论是否包含噪声,降维方法在负相位地震属性数据上的预测指标数值都浮动较大,很容易观测到方法的改变对于预测结果的影响。因此分别使用主成分分析、局部线性嵌入、多维尺度变换对含噪声的负相位地震属性数据进行处理,之后通过回归随机森林模型进行预测,模型分别运行 10 次,预测结果如表7-5 所列。

表 7-5　不同预处理方法模型输出对比

序号	主成分分析	局部线性嵌入	多维尺度变换	原始数据
1	0.983 322	0.973 604	0.974 281	0.975 103
2	0.978 251	0.954 784	0.973 290	0.971 938
3	0.970 510	0.953 285	0.965 973	0.978 534
4	0.988 659	0.973 410	0.960 316	0.976 066
5	0.970 918	0.946 717	0.971 525	0.972 773
6	0.993 330	0.980 263	0.940 186	0.969 191
7	0.981 721	0.966 479	0.965 042	0.972 773
8	0.976 455	0.959 543	0.960 060	0.975 019
9	0.983 103	0.952 941	0.962 162	0.973 769
10	0.985 139	0.987 328	0.960 760	0.973 794
平均值	0.981 140	0.964 835	0.963 356	0.973 896

由表 7-5 所知,局部线性嵌入和多维尺度变换这两种降维方法虽然使数据维度降低了,但同时也损失了部分数据内的有效信息,使得最终的预测结果低于原始数据下的结果。而主成分分析方法做到了在尽量不损失数据有效信息的同时,又降低数据维度和数据噪声,从而提高了最终的预测效果。

7.4 构造煤厚度预测实例

7.4.1 研究区概况

由于芦岭煤矿独特的地理构造,导致芦岭煤矿煤层具有瓦斯含量高、煤体松软破碎、突出危险性大、渗透率低等特点。芦岭煤矿开采的 8# 煤层是极易突出的煤层,煤层中测得的最大瓦斯压力和瓦斯含量分别为 5.5 MPa 和 25.0 m^3/t,曾发生多起大型瓦斯突出事故,其中在 2002 年发生的特大瓦斯突出事故,是目前我国第二大突出事故,也是世界第三大突出事故。构造煤厚度能有效预测瓦斯突出,因此可通过对该区域的构造煤厚度进行预测来预防瓦斯突出问题,其重要经验教训也可以应用于我国其他突出煤矿。构造煤可分为碎裂煤、碎粒煤和糜棱煤 3 种类型。8# 煤层矿区范围内分布有 20 个钻孔,各钻孔构造煤厚度数据见表 7-6。

表 7-6 芦岭煤矿 8# 煤层的构造煤数据

钻孔名	碎裂煤厚度/m	碎粒煤厚度/m	糜棱煤厚度/m
L44	0	0.5	7.6
L50	0	2.3	6.1
91-5	0	3.7	6.6
2002-4	1.8	2.6	7.2
2002-5	2.3	2.4	4.4
2010-11	1.5	2.2	4.5
2012-1	1.1	1.9	2.3
2014-5	2.1	3	3.5
L43	2.5	2.4	3.8
06-4	1.7	2.6	0.0
91-2	3.5	3.9	1.1
92-8	1.8	2.7	0.0
94-2	2.1	1.7	0.0
91-1	3	2.9	0.0
92-2	2.3	2.5	0.0

表 7-6(续)

钻孔名	碎裂煤厚度/m	碎粒煤厚度/m	糜棱煤厚度/m
94-5	2.5	2.9	0.0
2002-3	3.1	1.5	1.1
94-1	3.2	1.5	0.0
94-3	4.2	3.5	0.0
99-1	2.4	2	0.0

7.4.2 多目标随机森林预测与传统单目标预测性能对比分析

本次实验建立的单目标预测模型选取随机森林作为预测模型,但选取的基础回归模型转变为单目标回归树。单目标回归树采用经典的分类与回归树模型,使用同样的改进的鲸鱼优化算法对单目标随机森林参数进行优化,个体模型个数、最大深度、分裂所需最小样本数、叶子节点最小样本数、待选特征分裂取值个数的搜索空间、分裂标准的次方值分别设置为[10,100],[2,500],[2,200],[1,200],[1,10],[0,5]。搜索代理个数设置为30,迭代次数为10。建立 RF 和 ART 模型。目标 1 即碎裂煤厚度预测如图 7-18 所示,目标 2 即碎粒煤厚度预测如图 7-19 所示,目标 3 糜棱煤厚度预测如图 7-20 所示。

由图 7-18~图 7-20 可见,RF 和 ART 模型在目标 1 碎裂煤厚度预测上的 RMSE 分别为 0.238、0.259,在目标 2 碎粒煤厚度预测上的 RMSE 分别为 0.176、0.227,在目标 3 糜棱煤厚度预测上的 RMSE 分别为 0.444、0.509,同时 RF 模型

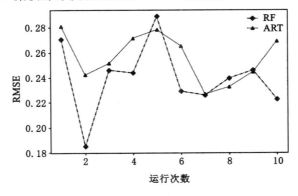

图 7-18 碎裂煤厚度预测结果对比

在 3 种类型的构造煤预测上的决定系数更高。由此可知,RF 通过联系目标之间的相关性,每个预测目标都获得了其他目标的预测信息,使得模型对于 3 种类型构造煤的预测效果都得到了提升,最终的预测效果也比单独预测目标要更好。

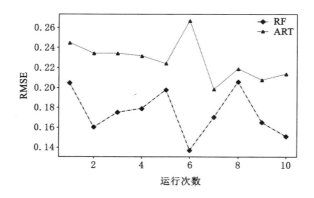

图 7-19 碎粒煤厚度预测结果对比

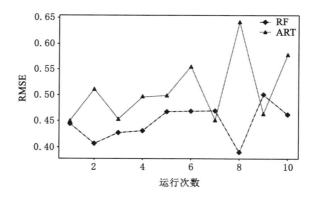

图 7-20 糜棱煤厚度预测结果对比

7.4.3 多目标随机森林预测与多目标支持向量回归性能对比分析

本次实验建立的多目标支持向量回归作为对比模型,多目标支持向量回归有多种实现方法,这里采用最小二乘支持向量回归作为对比模型,核函数设置为 rbf,C 使用推荐参数 1,g 选择为 1/n_features,预测结果与多目标随机森林的对比如图 7-21 所示。

其中预测多个目标的 RMSE 设置为 3 种类型构造煤 RMSE 的平均值。分析图 7-21 可知,RF 模型的 RMSE 为 0.291,SVR 模型的 RMSE 为 0.323,同时 RF 具有更高的决定系数。由此可知,经过优化后的多目标随机森林比 SVR 模型对煤层数据具有更好的拟合效果。

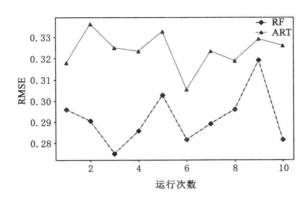

图 7-21　RF 与 SVR 预测结果对比

7.4.4　芦岭煤矿 8# 煤层构造煤厚度预测

将非线性收敛的增强鲸鱼优化算法优化出的多目标随机森林模型与单目标随机森林模型和支持向量回归模型分别运用到实际的多种类型构造煤厚度预测中,通过 3 种模型分别预测出各钻孔 3 种类型的构造煤厚度。获取每个煤层钻孔的预测数据,每个钻孔下数据取其平均值,对比该钻孔下真实的构造煤厚度数据,对比情况如表 7-7 和表 7-8 所列。

由表 7-7 和表 7-8 可知,采用优化后的多目标随机森林模型预测煤层厚度平均误差为 0.10、0.07、0.23,ART 模型的平方误差为 0.13、0.11、0.29,SVR 的平均误差为 0.11、0.09、0.28,可见 RF 模型的平均误差低于 ART 模型和 SVR 模型的平均误差,由此验证了模型具有竞争力。

表 7-7　**ART 和 RF 两种方法对钻孔处构造煤厚度预测值对比**　　　　单位:m

钻孔名	构造煤厚度			ART 预测值			RF 预测值		
	碎裂煤	碎粒煤	糜棱煤	碎裂煤	碎粒煤	糜棱煤	碎裂煤	碎粒煤	糜棱煤
L44	0	0.5	7.6	0.27	0.81	7.21	0.10	0.62	7.24
L50	0	2.3	6.1	0.31	2.34	5.46	0.28	2.33	5.64
91-5	0	3.7	6.6	0.43	3.39	5.55	0.21	3.42	6.21

表 7-7（续）

钻孔名	构造煤厚度			ART 预测值			RF 预测值		
	碎裂煤	碎粒煤	糜棱煤	碎裂煤	碎粒煤	糜棱煤	碎裂煤	碎粒煤	糜棱煤
2002-4	1.8	2.6	7.2	1.86	2.58	6.89	1.80	2.60	6.62
2002-5	2.3	2.4	4.4	2.23	2.43	4.25	2.27	2.42	4.22
2010-11	1.5	2.2	4.5	1.46	2.28	4.42	1.49	2.26	4.38
2012-1	1.1	1.9	2.3	1.17	1.96	1.99	1.20	1.97	2.17
2014-5	2.1	3	3.5	2.02	2.83	3.72	2.08	2.87	3.71
L43	2.5	2.4	3.8	2.40	2.41	3.74	2.42	2.44	3.75
06-4	1.7	2.6	0.0	1.66	2.57	0.47	1.74	2.60	0.42
91-2	3.5	3.9	1.1	3.40	3.76	1.06	3.43	3.83	1.07
92-8	1.8	2.7	0.0	1.84	2.69	0.27	1.83	2.67	0.22
94-2	2.1	1.7	0.0	2.19	1.74	0.19	2.25	1.82	0.23
91-1	3	2.9	0.0	2.85	2.70	0.34	2.80	2.72	0.17
92-2	2.3	2.5	0.0	2.16	2.48	0.51	2.22	2.50	0.38
94-5	2.5	2.9	0.0	2.43	2.80	0.13	2.46	2.83	0.20
2002-3	3.1	1.5	1.1	2.91	1.72	1.18	3.01	1.58	1.22
94-1	3.2	1.5	0.0	2.89	1.73	0.23	3.05	1.60	0.14
94-3	4.2	3.5	0.0	4.12	3.42	0.21	4.02	3.45	0.11
99-1	2.4	2	0.0	2.40	2.08	0.16	2.41	2.03	0.16
平均误差				0.13	0.11	0.29	0.10	0.07	0.23

表 7-8　SVR 和 RF 两种方法对钻孔处构造煤厚度预测值对比　　单位:m

钻孔名	构造煤厚度			SVR 预测值			RF 预测值		
	碎裂煤	碎粒煤	糜棱煤	碎裂煤	碎粒煤	糜棱煤	碎裂煤	碎粒煤	糜棱煤
L44	0	0.5	7.6	0.16	0.66	6.93	0.10	0.62	7.24
L50	0	2.3	6.1	0.18	2.34	5.78	0.28	2.33	5.64
91-5	0	3.7	6.6	0.39	3.42	5.54	0.21	3.42	6.21
2002-4	1.8	2.6	7.2	1.85	2.57	6.47	1.80	2.60	6.62
2002-5	2.3	2.4	4.4	2.27	2.43	4.39	2.27	2.42	4.22
2010-11	1.5	2.2	4.5	1.48	2.26	4.31	1.49	2.26	4.38
2012-1	1.1	1.9	2.3	1.19	2.02	2.20	1.20	1.97	2.17

表 7-8(续)

钻孔名	构造煤厚度			SVR 预测值			RF 预测值		
	碎裂煤	碎粒煤	糜棱煤	碎裂煤	碎粒煤	糜棱煤	碎裂煤	碎粒煤	糜棱煤
2014-5	2.1	3	3.5	2.06	2.87	3.70	2.08	2.87	3.71
L43	2.5	2.4	3.8	2.44	2.46	3.94	2.42	2.44	3.75
06-4	1.7	2.6	0.0	1.71	2.61	0.34	1.74	2.60	0.42
91-2	3.5	3.9	1.1	3.46	3.86	1.14	3.43	3.83	1.07
92-8	1.8	2.7	0.0	1.89	2.67	0.13	1.83	2.67	0.22
94-2	2.1	1.7	0.0	2.28	1.75	0.09	2.25	1.82	0.23
91-1	3	2.9	0.0	2.94	2.80	0.20	2.80	2.72	0.17
92-2	2.3	2.5	0.0	2.14	2.38	0.34	2.22	2.50	0.38
94-5	2.5	2.9	0.0	2.58	2.81	0.14	2.46	2.83	0.20
2002-3	3.1	1.5	1.1	2.82	1.67	1.52	3.01	1.58	1.22
94-1	3.2	1.5	0.0	3.01	1.62	0.26	3.05	1.60	0.14
94-3	4.2	3.5	0.0	4.14	3.46	0.08	4.02	3.45	0.11
99-1	2.4	2	0.0	2.48	2.05	0.09	2.41	2.03	0.16
平均误差				0.11	0.09	0.28	0.10	0.07	0.23

7.5 小结

本章提出了一种鲸鱼优化算法优化的回归随机森林预测模型。针对随机森林在回归中的预测性能低于在分类中的表现,为回归随机森林模型加入二次训练过程,赋予特征属性和个体模型权重。特征的权重依赖于 RReliefF 算法,与目标相关性高的特征在特征随机抽取中有更高概率被选择,与目标相关性低的特征有更低概率被选择。个体模型的权重由归一化后的个体模型在袋外数据上均方根误差的倒数来衡量,集成模型输出采用加权输出。为特征属性赋予权重提高了个体模型的预测效果,而为个体模型赋予权重提升了集成的性能,之后通过非线性收敛的增强鲸鱼优化算法对模型的参数进行优化。在验证模型可靠性之前,需要通过正演模拟来获得用于测试的煤层属性数据,共有 4 份,分别为含噪声和不含噪声的正负相位数据。获得数据后,通过 PCA 对煤层数据进行预处理,然后输入模型中,证实了改进的模型具有优秀的预测效果和参数寻优能力。此外,实验还对比了另外两种降维方法,证实 PCA 降维煤层数据的可靠性。最后,利用芦岭煤矿的实际煤层数据对多种类型的构造煤厚度进行了同步预测。首先去除掉原始样本中的无效数据,然后通过 PCA 对原始的未经加工的煤层样本进行降维,实现对煤层样本数据的降维、降噪以及去除特征间相关性的目标,以提高模型的预测效果。之后构建回归随机森林模型对多种类型的构造煤厚度进行同步预测,同时,通过本书改进的鲸鱼优化算法对回归随机森林的模型参数进行寻优,得到该煤层样本下的最佳参数。然后通过测试数据分析模型的预测效果,对比单目标预测模型和多目标支持向量回归模型,发现回归随机森林具有更低的预测误差,预测效果与实际煤层数据较为吻合,符合该区域实际的构造煤厚度。

参 考 文 献

AREL I,ROSE D C,KARNOWSKI T P,2010. Deep machine learning-A new frontier in artificial intelligence research frontier[J]. IEEE computational intelligence magazine,5(4):13-18.

BALABIN R M,LOMAKINA E I,2011. Support vector machine regression (LS-SVM)-an alternative to artificial neural networks (ANNs) for the analysis of quantum chemistry data?[J]. Physical chemistry chemical physics,13(24):11710.

BARNES A E,2007. A tutorial on complex seismic trace analysis[J]. GEOPHYSICS,72(6):W33-W43.

BREIMAN L I,FRIEDMAN J H,OLSHEN R A,et al,1984. Classification and regression trees (CART)[J]. Biometrics,40(3):358.

CHEN T J,WANG X,2016. Thickness prediction of tectonically deformed coal using calibrated seismic attributes:a case study[J]. ASEG extended abstracts,2016(1):1-5.

CHOPRA S,MARFURT K J,2007. Seismic attributes for prospect identification and reservoir characterization[M]. Huston:Society of Exploration Geophysicists and European Association of Geoscientists and Engineers.

CORTES C,VAPNIK V,1995. Support-vector networks[J]. Machine learning,20(3):273-297.

CUMANI S,LAFACE P,2012. Analysis of large-scale SVM training algorithms for language and speaker recognition[J]. IEEE transactions on audio,speech,and language processing,20(5):1585-1596.

DENG L,YU D,2014. Deep learning:methods and applications[J]. Foundations and trends in signal processing,7(3-4):197-387.

DENG Y H,LIU G X,et al,2011. Research of FWP process deformation compensation forecasting on the basis of TS-FNN[J]. Manufacturing science and technology,295-297:2430-2437.

DÍAZ AGUADO M B,GONZÁLEZ NICIEZA C,2007. Control and prevention of gas outbursts in coal mines, Riosa-Olloniego coalfield, Spain[J]. International journal of coal geology, 69(4):253-266.

FOUEDJIO F,2020. Exact conditioning of regression random forest for spatial prediction[J]. Artificial intelligence in geosciences,1:11-23.

GE M,WANG H,HARDY H R JR,et al,2008. Void detection at an anthracite mine using an in-seam seismic method[J]. International journal of coal geology,73(3/4):201-212.

HACKLEY P C,MARTINEZ M,2007. Organic petrology of Paleocene Marcelina Formation coals, Paso Diablo mine, western Venezuela: Tectonic controls on coal type[J]. International journal of coal geology,71(4):505-526.

HART B S,2008. Channel detection in 3-D seismic data using sweetness[J]. AAPG bulletin, 92(6):733-742.

HINTON G E,2002. Training products of experts by minimizing contrastive divergence[J]. Neural computation,14(8):1771-1800.

HINTON G E,OSINDERO S,TEH Y W,2006. A fast learning algorithm for deep belief nets [J]. Neural computation,18(7):1527-1554.

HOU Q L,LI H J,FAN J J,et al,2012. Structure and coalbed methane occurrence in tectonically deformed coals[J]. Science China earth sciences,55(11):1755-1763.

KADKHODAIE-ILKHCHI A,REZAEE M R,RAHIMPOUR-BONAB H,et al,2009. Petrophysical data prediction from seismic attributes using committee fuzzy inference system[J]. Computers & geosciences,35(12):2314-2330.

KAI-SHIUAN S,TZUU-HSENG L S,SHUN-HUNG T,2011. Observer-based adaptive FNN control of robot manipulators:PSO-SA self adjust membership approach[C]//2011 IEEE International Conference on Fuzzy Systems (FUZZ-IEEE 2011). [S. l:s. n]:1852-1859.

KIM S K,PARK Y J,TOH K A,et al,2010. SVM-based feature extraction for face recognition[J]. Pattern recognition,43(8):2871-2881.

LECUN Y,BENGIO Y,HINTON G,2015. Deep learning[J]. Nature,521(7553):436-444.

LI H Y,OGAWA Y,SHIMADA S,2003. Mechanism of methane flow through sheared coals and its role on methane recovery[J]. Fuel,82(10):1271-1279.

LI J J,PAN D M,CUI R F,et al,2016. Prediction of tectonically deformed coal based on lithologic seismic information[J]. Journal of geophysics and engineering,13(1):116-122.

LI M,JIANG B,LIN S F,et al,2011. Tectonically deformed coal types and pore structures in Puhe and Shanchahe coal mines in western Guizhou[J]. Mining science and technology(China),21(3):353-357.

LIU G,WANG L Y,CHEN G M,2011. Parameters optimization of plasma hardening process using genetic algorithm and neural network[J]. Journal of iron and steel research international,18(12):57-64.

MAHMOOD S F,MARHABAN M H,ROKHANI F Z,et al,2016. SVM-ELM: pruning of extreme learning machine with support vector machines for regression[J]. Journal of intelligent systems,25(4):555-566.

MOHAMED A R,SAINATH T N,DAHL G,et al,2011. Deep belief networks using discriminative features for phone recognition[C]//2011 IEEE International Conference on Acoustics, Speech and Signal Processing (ICASSP). [S. l: s. n]:5060-5063.

PAN J N,HOU Q L,JU Y W,et al,2012. Coalbed methane sorption related to coal deformation structures at different temperatures and pressures[J]. Fuel,102:760-765.

PAN J N,ZHU H T,HOU Q L,et al,2015. Macromolecular and pore structures of Chinese tectonically deformed coal studied by atomic force microscopy[J]. Fuel,139:94-101.

PANHALKAR A R,DOYE D D,2021. Optimization of decision trees using modified African buffalo algorithm[J]. Journal of King Saud University-computer and information sciences: DOI:10. 1016/j. jksuci. 2021. 01. 011.

QAIS M H,HASANIEN H M,ALGHUWAINEM S,2020. Enhanced whale optimization algorithm for maximum power point tracking of variable-speed wind generators[J]. Applied soft computing,86:105937.

RIBEIRO B,SILVA C,CHEN N,et al,2012. Enhanced default risk models with SVM+[J]. Expert systems with applications,39(11):10140-10152.

RODRIGUEZ J D,PEREZ A,LOZANO J A,2010. Sensitivity analysis of k-fold cross validation in prediction error estimation[J]. IEEE transactions on pattern analysis and machine intelligence,32(3):569-575.

SCHMIDHUBER J, 2015. Deep learning in neural networks: an overview[J]. Neuralnetworks,61:85-117.

SHEPHERD J, RIXON L K, GRIFFITHS L, 1981. Outbursts and geological structures in coal mines: a review[J]. International journal of rock mechanics and mining sciences & geomechanics abstracts,18(4):267-283.

STOCKWELL R G, MANSINHA L, LOWE R P, 1996. Localization of the complex spectrum: the S transform[J]. IEEE transactions on signal processing,44(4):998-1001.

SUI J H,MA Q,2012. The newly AND-OR FNN modeling and application[J]. Advanced materials research,433/434/435/436/437/438/439/440:846-852.

TABAR Y R,HALICI U,2017. A novel deep learning approach for classification of EEG motor imagery signals[J]. Journal of neural engineering,14(1):016003.

TANG L X,BIN B, HAN K,2010. The FNN quilting process deformation prediction model [J]. Applied mechanics and materials,34/35:306-310.

TARABALKA Y,FAUVEL M,CHANUSSOT J,et al,2010. SVM- and MRF-based method for accurateclassification of hyperspectral images[J]. IEEE geoscience and remote sensing letters,7(4):736-740.

VAPNIK V,1998. Statistical learning theory[M]. New York:Wiley.

WANG B T,HUANG S,QIU J H,et al,2015. Parallel online sequential extreme learning machine based on map reduce[J]. Neuro computing,149:224-232.

WANG J,CAI L,ZHAO X,2017. Multiple-instance learning via an RBF Kernel-Based extreme learning machine[J]. Journal of intelligent systems,26(1):185-195.

WANG R D,SUN X S,YANG X,et al,2016. Cloud computing and extreme learning machine for a distributed energy consumption forecasting in equipment-manufacturing enterprises[J]. Cybernetics and information technologies,16(6):83-97.

WANG X,CHEN T,2014. Quantitative prediction of tectonic coal thickness based on FNN and seismic attributes[J]. Journal of information & computational science,(11): 3653-3662.

WANG X,LI Y,CHEN T J,et al,2017. Quantitative thickness prediction of tectonically deformed coal using Extreme Learning Machine and Principal Component Analysis:a case study [J]. Computers & geosciences,101:38-47.

XIA F,ZHANG H,PENG D G,et al,2010. Condenser fault diagnosis based on FNN and data fusion[J]. Applied mechanics and materials,44/45/46/47:3762-3766.

YADAV B,CH S,MATHUR S,et al,2017. Assessing the suitability of extreme learning machines (ELM) for groundwater level prediction[J]. Journal of water and land development,32 (1):103-112.

YANG X Y,2010. Study on sign language recognition fusion algorithm using FNN[C]//Fuzzy Information and Engineering 2010. [S. l:s. n].

YU D,DENG L,2011. Deep learning and its applications to signal and information processing exploratory DSP[J]. IEEE signal processing magazine,28(1):145-154.

YU L A,YAO X,WANG S Y,et al,2011. Credit risk evaluation using a weighted least squares SVM classifier with design of experiment for parameter selection[J]. Expert systems with applications,38(12):15392-15399.

ZHANG X L,2011. Residential property price prediction with FNN network model[J]. Advanced materials research,271-273:1638-1643.

曹庆奎,赵斐,2011.基于模糊-支持向量机的煤层底板突水危险性评价[J].煤炭学报,36(4): 633-637.

陈善庆,1989.鄂、湘、粤、桂二叠纪构造煤特征及其成因分析[J].煤炭学报,14(4):1-10.

崔清亮,李军,2013.多核学习方法在分类中的应用研究[J].科学技术与工程,13(32): 9531-9535.

董美辰,2018.基于模糊决策树的光伏阵列故障诊断方法研究[D].南宁:广西大学.

董旭,姚多喜,梁泽鹏,2013.青东煤矿 7# 煤层构造煤分布规律及其控制因素[J].黑龙江科技学院学报,23(4):364-366.

郭德勇,韩德馨,张建国,2002.平顶山矿区构造煤分布规律及成因研究[J].煤炭学报,27(3):249-253.

郭豪,2017.双权重随机森林预测算法及其并行化研究[D].哈尔滨:哈尔滨工业大学.

贺彦林,王晓,朱群雄,2015.基于主成分分析-改进的极限学习机方法的精对苯二甲酸醋酸含量软测量[J].控制理论与应用,32(1):80-85.

姜波,琚宜文,2004.构造煤结构及其储层物性特征[J].天然气工业,24(5):27-29.

姜波,李明,屈争辉,等,2016.构造煤研究现状及展望[J].地球科学进展,31(4):335-346.

姜波,秦勇,1998.变形煤的结构演化机理及其地质意义[M].徐州:中国矿业大学出版社.

姜波,秦勇,琚宜文,等,2009.构造煤化学结构演化与瓦斯特性耦合机理[J].地学前缘,16(2):262-271.

琚宜文,姜波,侯泉林,等,2004.构造煤结构-成因新分类及其地质意义[J].煤炭学报,29(5):513-517.

李航,2019.基于标签特定特征的多目标回归集成算法及应用[D].重庆:重庆邮电大学.

李军,李大超,2016.基于优化核极限学习机的风电功率时间序列预测[J].物理学报,65(13):39-48.

李民,陈科贵,杨智,等,2017.基于模式识别的稠油油藏复杂岩性识别方法[J].测井技术,41(4):453-457.

李明,2013.构造煤结构演化及成因机制[D].徐州:中国矿业大学.

李强,寇建华,徐贺,等,2017.基于极限学习机与模糊积分融合的机器人地面分类[J].哈尔滨工程大学学报,38(4):617-624.

马致远,罗光春,秦科,等,2018.在线增量极限学习机及其性能研究[J].计算机应用研究,35(12):3533-3537.

欧芳芳,2009.基于优化决策树的短期电力负荷预测研究[D].保定:华北电力大学(河北).

彭苏萍,杜文凤,苑春方,等,2008.不同结构类型煤体地球物理特征差异分析和纵横波联合识别与预测方法研究[J].地质学报,82(10):1311-1322.

屈争辉,姜波,李明,2015.构造煤微孔特征及成因探讨[J].煤炭学报,40(5):1093-1102.

任阳晖,2017.极限学习机算法及应用研究[D].沈阳:沈阳航空航天大学.

邵强,王恩营,王红卫,等,2010.构造煤分布规律对煤与瓦斯突出的控制[J].煤炭学报,35(2):250-254.

孙学凯,崔若飞,毛欣荣,等,2011.联合弹性波阻抗反演与同步反演确定构造煤的分布[J].煤炭学报,36(5):778-783.

孙志远,鲁成祥,史忠植,等,2016.深度学习研究与进展[J].计算机科学,43(2):1-8.

唐耀华,张向君,高静怀,2009.基于地震属性优选与支持向量机的油气预测方法[J].石油地球物理勘探,44(1):75-80.

王保义,赵硕,张少敏,2014.基于云计算和极限学习机的分布式电力负荷预测算法[J].电网技术,38(2):526-531.

王恩营,殷秋朝,李丰良,2008.构造煤的研究现状与发展趋势[J].河南理工大学学报(自然科学版),27(3):278-281.

王洪花,2020.基于随机森林的三维医学图像解剖特征点自动定位技术研究[D].南京:南京邮电大学.

王新,2012.煤与瓦斯突出高危煤层的地震属性预测方法研究[D].徐州:中国矿业大学:49-68.

姚军朋,司马立强,张玉贵,2011.构造煤地球物理测井定量判识研究[J].煤炭学报,36(S1):94-98.

印兴耀,韩文功,李振春,2006.地震技术新进展[M].东营:中国石油大学出版社.

张海霞,2017.极限学习机理论与算法研究[D].沈阳:沈阳航空航天大学.

张晓雷,吴及,吕萍,2011.基于支持向量机与多观测复合特征矢量的语音端点检测[J].清华大学学报(自然科学版),51(9):1209-1214.

张玉贵,2006.构造煤演化与力化学作用[D].太原:太原理工大学.

张玉贵,张子敏,曹运兴,2007.构造煤结构与瓦斯突出[J].煤炭学报,32(3):281-284.

张子戌,吕闰生,常松龄,等,2007.构造煤厚度自动判识软件的设计与开发[J].矿业安全与环保,34(2):12-14.

赵云平,施龙青,高卫富,等,2016.我国煤矿转型发展期内煤矿事故统计分析[J].煤炭技术,35(9):321-324.